家庭农场畜禽兽医手册系列丛书

家庭农场

蛋鸡
兽医手册

◎ 陈立功　主编

中国农业科学技术出版社

图书在版编目（CIP）数据

家庭农场蛋鸡兽医手册／陈立功主编．—北京：中国农业
科学技术出版社，2015.1

（家庭农场畜禽兽医手册系列丛书）

ISBN 978 – 7 – 5116 – 1931 – 0

Ⅰ.①家…　Ⅱ.①陈…　Ⅲ.①卵用鸡 – 鸡病 – 防治 – 手册
Ⅳ.①S858.31 – 62

中国版本图书馆 CIP 数据核字（2014）第 283031 号

责任编辑　　胡晓蕾
责任校对　　贾晓红

出 版 者　中国农业科学技术出版社
　　　　　北京市中关村南大街 12 号　邮编：100081
电　　话　(010)82109705(编辑室)　　(010)82109703(发行部)
　　　　　(010)82109709(读者服务部)
传　　真　(010)82106625
网　　址　http://www.castp.cn
经 销 者　各地新华书店
印 刷 者　北京昌联印刷有限公司
开　　本　850mm×1 168mm　1/32
印　　张　8.125　彩插　4 面
字　　数　203 千字
版　　次　2015 年 1 月第 1 版　2015 年 1 月第 1 次印刷
定　　价　29.80 元

《家庭农场蛋鸡兽医手册》
编 委 会

主　　编　　陈立功
副 主 编　　宋臣锋　张　芳　魏昆鹏　张宝贵
编　　委　　(以姓氏拼音为序)
　　　　　　王学静（河北省畜牧兽医研究所）
　　　　　　叶宝娜（河北省青县农业局）
　　　　　　吕建国（唐山市畜牧工作站）
　　　　　　刘　静（河北农业大学动物医学院）
　　　　　　刘聚祥（河北农业大学动物医学院）
　　　　　　闫　硕（保定职业技术学院）
　　　　　　李玉荣（河北农业大学动物医学院）
　　　　　　宋臣锋（沧州职业技术学院）
　　　　　　张　芳（保定市动物疫病预防控制中心）
　　　　　　张宝贵（河北省永清县畜牧兽医局）
　　　　　　陈立功（河北农业大学动物医学院）
　　　　　　武现军（河北农业大学动物医学院）
　　　　　　董世山（河北农业大学动物医学院）
　　　　　　管艳庆（河北省涿州市农业局）
　　　　　　翟文栋（保定职业技术学院）
　　　　　　戴美丽（河北省大厂回族自治县畜牧兽医局）
　　　　　　魏昆鹏（石家庄市畜牧水产局）
　　　　　　魏忠华（河北省畜牧兽医研究所）
审　　稿　　李三星

前　　言

　　家庭农场最早起源于欧美，我国 2008 年首次将家庭农场写入中央文件。2013 年，中央 1 号文件进一步把家庭农场明确为新型农业经营主体的重要形式。家庭农场（包括家庭养殖场和家庭牧场）是指以家庭成员为主要劳动力，从事农业规模化、集约化、商品化生产经营，并以农业收入为主要收入来源的新型农业经营主体。随着我国工业化和城镇化的快速发展，农村的经济结构发生了巨大变化，农村劳动力大规模转移，农村劳动力的规模与素质正在发生巨大变化。一家一户的超小规模农业经营，已突显不利于当前农业生产力的发展，农村现行的经营模式限制了农业生产效率的进一步提高，大力推广发展家庭农场有利于农业增效和农民增收，发展家庭农场非常必要。

　　家庭农场的畜禽养殖业经营规模应在 50 亩（约 3.3 公顷）以上；蛋鸡存栏 10 000 羽以上；畜禽养殖业应具备固定的场地和场区围栏、消毒池，功能分区明显，畜禽饲养、排污等配套设施齐全，做到达标排放或生态利用。农业部门支持鼓励农业社会化服务组织把家庭农场作为重要服务对象，提供优良品种引进、动物疫病防控等服务。家庭农场的健康养殖是其生存发展的基本保障。健康养殖的概念最早出现于 20 世纪 90 年代中后期我国的海水养殖业，现已成为水产和畜禽养殖业最为流行的热门话题。健康养殖指以保护动物健康、人类健康、畜产品安全为目标，为养殖对象提供良好的生长环境，在全生长期提供优质、全面、经济、环保的饲料，最大限度发挥畜禽生产潜力，降低疾病发生，生产出无污染、个体健康的畜禽产品。要解决养殖业的重大问题，就应该树立正确的养殖理念，推行健康养殖，从健康养殖做起，这才是解决畜禽疫病、畜产品安全和环境污染问题的唯一出路，避免因环境污染对人类健康构成的威胁。

21世纪的兽医是集约化养殖的畜禽健康的维护者。兽医在维护动物的健康、防治人畜共患病、保护生态和公共卫生、动物性食品的安全生产和卫生检疫等方面肩负重要职责。兽医工作从过去那种针对个体看病、对群体防病，进一步提升为应采取何种方针、政策和具体措施预防、控制和扑灭动物疫病。因此，为了保障农村畜禽养殖业的稳定发展，科技工作者应以着眼于农村，服务于农村，努力提高农民收入为己任；到农村中去，向农民推广科普知识，提供新信息，传授先进的养殖技术；帮助农民在养殖业条件成熟时，朝着适度规模的方向发展，向着产业化经营方式迈进；帮助农民规范畜禽场，严格按照《种畜禽管理条例》和《中华人民共和国动物防疫法》的规定和要求办好种畜禽场；向农民反复宣传预防为主，养、防结合、防重于治的方针。对种类繁多、危害严重的疫病，制定有效的策略。

为保证动物性食品的安全，保障人类健康，兽医工作者担负起动物健康的保护者和人类食品卫生的卫士的重任，这是时代赋予我们的责任。我们编写了这本《家庭农场蛋鸡兽医手册》。由于水平有限，书中的缺点和错误在所难免，敬请同行和广大读者批评指正。

编　者

2014年9月

目　　录

第一章

蛋鸡的解剖生理特点

　　鸡属于鸟纲动物，在血液、循环、呼吸、消化、体温、泌尿、神经、内分泌、淋巴和生殖等方面有着自己独特的解剖生理特点，与哺乳动物之间存在着较大的差异。了解鸡的解剖生理特点，对正确饲养蛋鸡、认识蛋鸡疾病、分析蛋鸡致病原因，以及提出合理的治疗方案和有效预防措施都有重要的意义。

一、血液生理特点

　　蛋鸡的红细胞为卵圆形，有核，这点与哺乳动物红细胞有着显著的不同。蛋鸡红细胞的体积比哺乳动物的大。蛋鸡红细胞的数量虽常因蛋鸡品种、性别、龄期和生理状态不同而变化，但红细胞的数量肯定要比哺乳动物少。

　　蛋鸡血浆中非蛋白含氮物在成分上与哺乳动物存在明显的差别，蛋鸡主要为氨基氮和尿酸氮，尿素氮甚少，肌酸几乎没有，而哺乳动物则主要为尿素和肌酸，氨基氮和尿酸氮含量极少。

　　蛋鸡的血糖含量比哺乳动物高。产蛋期的蛋鸡，血浆的含钙最高，比哺乳动物的血钙要高出许多。另外，蛋鸡血浆始终保持高钾低钠状态，这点是比较特别的。蛋鸡血浆中的胆碱酯酶贮存很少，因此对抗胆碱酯酶药物（如有机磷）非常敏感，容易中毒。

二、循环系统解剖生理特点

蛋鸡心血管系统由心脏和血管组成。蛋鸡心脏位于胸腔的腹侧，心基部朝向前背侧，与第1肋相对，长轴几乎与体轴平行，故心尖斜向后，正对第5肋骨。蛋鸡的右心房有一静脉窦；右房室口上不是三尖瓣，而是一个肌瓣，也无腱索。蛋鸡血管系统也包括动脉和静脉。其主动脉弓偏右。颈总动脉位于颈椎腹侧中线肌肉深部。坐骨动脉一对，较粗，是供应后肢的主要动脉。肾动脉有前、中、后3支。肾前动脉直接发自主动脉，肾中动脉、肾后动脉发自坐骨动脉。蛋鸡静脉的特点是两条颈静脉位于皮下，沿气管两侧延伸，右颈静脉较粗。前腔静脉1对。两髂内静脉间有一短的吻合支，由此向前延为肾后静脉。其向前与由股静脉延续而来的髂外静脉汇合成髂总静脉。两侧髂总静脉合成后腔静脉。肾门静脉在髂总静脉注入处有肾门静脉瓣。其开闭可调节肾的血液注入量。蛋鸡静脉的另一特点是肝门静脉有左、右两支。在两髂内静脉吻合处有一肠系膜后静脉，它也是肝门静脉的一个属支。借这一静脉，体壁静脉与内脏静脉联系一起。

三、呼吸系统解剖生理特点

蛋鸡的呼吸系统包括鼻腔、口咽腔、喉、气管、鸣管、支气管、肺、气囊和某些含有空气的骨骼等器官组成。

1. 鼻腔

由鼻中隔分为左、右两半。内有前、中、后3个鼻甲。眶下窦是唯一的鼻旁窦，呈三角形，位于眼球的前下方。眼球上方有特殊的鼻腺，有导管开口于鼻腔。

眶下窦位于眼球的前下方和上颌的外侧，略呈三角形。窦的外侧壁大部分为皮肤等软组织，窦的后上方有两个开口，分别通鼻腔和后鼻甲腔。鼻前庭的黏膜衬以复层扁平上皮，固有鼻腔和眶下窦的黏膜衬以假复层纤毛上皮，分布有杯状细胞；纤毛向口腔摆动，把吸入的异物和病原体经口腔排出体外。后鼻甲及其邻近的嗅黏膜衬以嗅上皮，具有嗅腺（又称盐腺）；蛋鸡的嗅区很小。

2. 口咽腔

是禽类特有的，因为没有形成软腭，口腔与咽腔无明显分界，常合称为口咽腔。口腔顶壁正中有腭裂（或称鼻后孔裂），前部狭而后部宽。呼吸时，舌背紧贴口腔顶，将狭部封闭，保留宽部沟通鼻腔和喉；吞咽时，腭裂主动闭合。

3. 喉和气管

喉位于咽底壁，与鼻孔相对。喉软骨只有环状和勺状软骨两种，被固有喉肌连接在一起。喉口为一纵向裂缝，外面被覆黏膜。喉无声带。气管由气管环连接而成，在皮下伴随食道沿颈腹侧下行，至心脏背侧分叉，分出左、右两个支气管。气管环数目很多（有100～130个），气管又是通过蒸发散热以调节体温的重要部位。所以，气候炎热时蛋鸡会张口呼吸，加快呼吸的频率。

4. 鸣管

鸣管位于胸前口气管分叉处，它以鸣骨为支架，加上内、外鸣膜共同构成。

5. 肺

鸡肺呈鲜红色，左、右各一叶，肺的壁面紧贴在胸壁和脊柱上，肺组织嵌入肋间隙内。肺腹侧面被覆有胸膜。

鸡的肺不大，肺内毛细血管所形成的气体交换面积，若以每克体重计算，要比哺乳动物大10倍，血液供应也丰富。蛋鸡的肺由副支气管发出的多条盲端毛细气管与肺内毛细血管相贴而行，形成气体交换的有效区。支气管入肺后纵贯全肺，称为初级支气管，后端出肺，通入气囊。从初级支气管分出次级支气管，再从次级支气管上分出三级支气管。相邻三级支气管间吻合。因此，蛋鸡肺内的导管部不像哺乳动物那样形成支气管树，而是互相连通的管道。

6. 气囊

气囊是禽类特有的器官，具有贮存气体、减轻体重、调整重心位置、调节体温、共鸣等多种功能；气囊在胚胎发育时共有6对，但在孵出前后，一部分气囊合并，只有9个气囊；气囊非真正的囊状物，是一层薄的纤维弹性结缔组织膜，内面大部分衬以单层扁平上皮，外面则被覆浆膜。气囊壁血液供应很少，因此，不具有气体交换作用，而是与周围的组织和骨骼腔共同形成憩室，用于贮存空气。

蛋鸡共有9个气囊，可分前后两群。前群气囊有1个锁骨气囊和成对的颈气囊、前胸气囊。后群气囊有1对后胸气囊和1对腹气囊。前群气囊又与腹内侧次级支气管相通；后胸气囊则又与腹外侧次级支气管相通；腹气囊最大，直接与肺内初级支气管末端相通。它们形成特殊的气体循环通道。当吸气时，新鲜空气一部分进入肺毛细管，大部分（约3/4）进入后胸气囊和腹气囊，而经过气体交换的空气则由肺毛细管进入前群气囊。当呼气时，前群气囊的气体由气管排出，后胸气囊、腹气囊里的新鲜空气又送入肺毛细管。因此，不论吸气或呼气时，肺内均可进行气体交换，以适应蛋鸡旺盛的新陈代谢需要。

与哺乳动物相比，蛋鸡的肺很小，但是气囊和含有空气的骨骼可以补充。因此，一些呼吸道疾病可以通过气囊传播到全身各组织，造成蛋鸡的抗病力一般比哺乳动物低。

对蛋鸡来讲，由于缺乏汗腺，呼吸器官也具有降温的作用，主要是以水蒸气的方式排出热量。鸡在炎热的环境中易发生热喘呼吸，常使三级支气管区域的通气显著增大，导致 CO_2 严重偏低，出现呼吸性碱中毒而死亡，因此，夏季要做好鸡舍的防暑通风工作。

四、消化系统解剖生理特点

鸡的消化器官包括喙、口咽腔、食道、嗉囊、腺胃、肌胃、小肠、大肠、泄殖腔、肝脏和胰腺。

鸡寻食主要靠视觉和触觉。鸡没有牙齿，食物摄入口腔后不经咀嚼而在舌的帮助下直接咽下，唾液的消化作用不大。食物被吞食后即进入嗉囊。鸡的腺胃黏膜缺乏主细胞，胃液由其壁细胞分泌。另外，由于腺胃的体积小，食物在腺胃停留的时间较短，胃液的消化作用主要是在肌胃内进行。混有胃液的食物在肌胃内除了充分发挥胃液的消化作用外，肌胃坚实的肌肉及其较坚实的角质膜、肌胃内所含一定数量的沙砾及其有节律性的收缩使颗粒较大的食物得到磨碎，有助于食物消化。

鸡的肠道长度与体长比值比哺乳动物的小，食物从胃进入肠后，在肠内停留时间较短，一般不超过一昼夜，食物中许多成分还未经充分消化吸收就随粪便排出体外。添加在饲料或饮水中的药物也同样如此，较多的药物尚未被吸收进入血液循环就被排到体外，药效维持时间短，在生产实践中，为了使药效维持较长时间，常常需要长时间或经常性添加药物。

1. 口和咽

鸡没有嘴唇、软腭、面颊和牙齿。口腔和咽腔直接相通。上下颌表面是喙，喙为采食器官。口腔的顶壁为硬腭。口腔内有许多小的唾液腺，开口于口腔顶壁和底壁的黏膜上，但是食物在口中的通过速度很快，所以，食物在口腔内发生消化的机会很小，不过淀粉酶和食物在口腔混匀后可以在其他部位协助消化。口咽顶壁中部有一裂隙，为鼻后孔。其后方有咽鼓管口。鸡饮水时，不能将水吸入口中，必须抬起头使水借助重力流入食道，没有吞咽动作。

2. 食管

食管是食物从口进入腺胃的通道。蛋鸡食管宽大，富有弹性。最初位于气管的背侧，然后转到气管的右侧，与之并行。在颈的后半段，气管和食管一起转到颈部的右侧面。胸段食管位于两肺之间，心脏的背侧，向后接腺胃。

鸡食管在胸前口处有一膨大，称为嗉囊。嗉囊是食道的扩大部分，位于颈部和胸部交界的皮下，蛋鸡的嗉囊发达。囊壁黏膜中有丰富的黏液腺能分泌大量黏液，黏液内不存在消化酶，但口腔分泌的唾液可在嗉囊继续对食物进行消化。嗉囊的主要功能是贮存、润滑和软化饲料。食物在嗉囊内停留的时间长短也与食物的性质、数量和胃的功能状态有关，一般停留 2h，最多可达 16h 左右。嗉囊内的食物进入腺胃主要依靠嗉囊收缩和排空加剧，而胃充盈时则反射性地抑制嗉囊收缩和排空。此外，嗉囊中的温度、湿度、离子强度等环境适于微生物的生长、繁殖，其中，以乳酸菌占优势，也有少量肠球菌、大肠杆菌、小球菌和酵母菌等。在大量的细菌共同作用下，对饲料中的糖类进行发酵分解，产生有机酸，主要是乳酸，也有少量挥发性脂肪酸，这些有机酸只有少量可在嗉囊内吸收，大部分则随食物移行到下段消化管吸收。

3. 胃

鸡的胃分为两部分，前面的是腺胃，后面的叫肌胃。

（1）腺胃 又称为前胃。位于腹腔的右侧，两肝叶之间，偏背侧。腺胃呈纺锤形，前靠贲门连接食管，后接肌胃。腺胃壁较厚，黏膜层有大量胃腺。黏膜表面的乳头上有腺体导管的开口，也称腺胃乳头。消化液通过腺胃乳头的小孔进入腺胃。腺细胞分泌的胃液中含有消化蛋白质的胃蛋白酶以及盐酸，鸡胃液呈连续性分泌。鸡的分泌量平均 5 ~ 30ml/h，饲喂时，分泌增加，饥饿时，分泌减少。虽然腺胃能分泌胃液，但食物在其中停留时间较短，迅速进入肌胃。因此，腺胃内消化甚微，胃液随食糜进入肌胃，在肌胃和十二指肠内发挥作用。

（2）肌胃　又称砂囊。肌胃位于腹腔偏左，前部腹侧是肝，后方大部接腹底壁。经前背侧的腺肌胃口接腺胃，由右侧幽门通十二指肠。肌胃是禽类体内非常发达的特殊器官。呈偏圆形的双凸透镜状，主要由坚厚的平滑肌构成，内腔较小。内壁上覆盖一层坚韧、光滑、富有弹性的角质膜，也具有沟状粗糙的摩擦面。肌胃角质膜为黄白色，易剥离，中药名为鸡内金。角质膜是胃黏膜中小腺体分泌的、可迅速硬化的胶样分泌物。角质膜的作用是保护胃壁在磨碎坚硬食物时不受损伤。肌胃行使消化机能时，角质膜不断磨损，同时，不断由腺体分泌进行修补。角质膜的坚硬程度与饲料性质关系密切，坚硬饲料引起腺体分泌增多，形成较坚硬角质膜。肌胃平滑肌只有环形肌，而无纵形肌，它的收缩具有自动节律性，平均 20～30s 收缩一次，饥饿时，收缩节律慢，但持续时间长，进食时，收缩节律较快。肌胃收缩时，胃内压升高，据测定，鸡的肌胃内压平均达 18.7kPa（140mmHg），如此高的压力不但能有效磨碎坚硬饲料，而且能压碎贝壳。鸡没有牙齿，饲料的磨碎主要在肌胃内进行。肌胃内经常保持一定数量的小砂砾或其他坚硬的小颗粒，借以增强机械性磨碎作用。当肌胃内缺少小砂砾时，坚硬饲料的消化时间延长，消化率降低。肌胃中的内容物相当干燥，含水量平均占 44.4%，pH 值 2～3.5，适于来自腺胃的胃蛋白酶在这里发挥化学性消化功能。

4. 肠

（1）小肠　分十二指肠、空肠和回肠，成年鸡的小肠大约 1.5 米长。

十二指肠起始于幽门，向后延伸形成降祥，再折返回来，形成升祥，两祥间为胰。升祥末段可见胰管、肝管和胆管等入肠腔。其后称为空肠。

空肠：它由多个肠袢组成，被空肠系膜悬吊于腹腔右侧。空肠中部有一小突起叫卵黄囊憩室，是胚胎时期卵黄囊柄的遗迹。

回肠：回肠与盲肠等长，两者间有韧带相连。故空、回肠间分界，以展平的盲肠顶端之间连线为标志。

（2）大肠　包括盲肠和直肠。大肠的作用是重新吸收水分以增加鸡体细胞中的含水量和保持体内水平衡。

盲肠：在小肠和大肠的交接处的两侧各有一个盲袋称为盲肠。开口于直肠和回肠连接部。正常健康的成年鸡每一盲肠的长度约15cm。盲肠对食物的消化作用不大。盲肠内有一些细菌的活动，似乎与鸡的免疫力有关。盲肠基部肠壁内分布有丰富的淋巴组织，形成盲肠扁桃体。

直肠：鸡无结肠，回盲口后即为直肠。成年鸡的直肠仅10cm长，其管腔较大，直径约为小肠的两倍。

5. 泄殖腔和肛门。

泄殖腔位于直肠后方，为一椭圆囊，是鸡消化、泌尿和生殖系统这3大系统末端的共同通道。从泄殖腔的内部黏膜面，可将其分为粪道、泄殖道和肛道3部分。前部是粪道，中部是泄殖道，二者间以环形黏膜褶为界。输尿管、输精管和输卵管均开口于泄殖道顶壁。后部为肛道，它与泄殖道之间以半月形褶为界。肛道顶壁有腔上囊的开口。肛道后部通肛门。

6. 肝和胰

（1）肝　鸡肝脏较大，位于腹腔前下部，分左、右两叶，右叶较大，具有胆囊。肝门位于脏面横凹内。左叶自肝门发出肝管通向十二指肠，右叶肝管注入胆囊，由胆囊发出胆管开口于十二指肠。肝脏功能之一是分泌胆汁。胆汁是含有胆汁酸的黄绿色液体。胆汁进入十二指肠的下段，主要帮助消化脂肪。胆汁内不含消化酶，其主要作用是中和食糜的酸性并使脂肪乳化，从而促进其消化。成年鸡肝脏为淡褐色至红褐色。

（2）胰 位于十二指肠升袢、降袢之间。鸡的胰管与胆管一起开口于十二指肠。胰脏分泌胰液，胰液含有胰淀粉酶、胰脂肪酶和胰蛋白酶。

五、体温生理特点

鸡的平均体温为41.7℃，比哺乳动物体温高。鸡没有汗腺而有丰厚的羽毛，因此，鸡产热、散热以及体温调节方式与哺乳动物存在较大的差异。当环境温度低于26.7℃时，鸡主要以辐射、对流、传导为散热方式，当温度高于26.7℃时，则以呼吸蒸发散热为主，鸡的肺和气囊在体温调节方面起着重要作用，由于高湿会妨碍呼吸蒸发散热，因此，适当的空气流通，有利于鸡耐受高温。

六、泌尿系统生理特点

鸡泌尿系统包括肾和输尿管，没有膀胱。母鸡的泄殖腔有4个排泄口，分别是一个输卵管开口、一对输尿管开口和一个粪道开口。鸡尿以固体尿酸盐的形式和粪便一起排出体外。

1. 肾

肾为一对，位于腰荐骨两侧的凹窝内，酱红色。可依据表面浅沟分为前、中、后三叶。鸡肾无肾门。肾的血管和输尿管直接从肾表面进出。

2. 输尿管

自肾前叶、中叶之间的内侧缘起始，然后向后伸延，开口于泄殖腔的泄殖道。

3. 尿

蛋鸡尿为奶油色，较浓稠，呈弱酸性（pH值为6.2～6.7）。磺胺类药物代谢的终产物乙酰化磺胺在酸性的尿液中会出现结晶，从而导致肾脏受损，因此，在应用磺胺类药物时，适当添加一些碳酸氢钠，以减少乙酰化磺胺结晶对肾的损伤。

鸡尿生成的特点：肾小球的有效滤过压比哺乳动物低，蛋白质代谢的主要终产物是尿酸，90%尿酸是通过肾小管分泌作用排入小管腔。由于尿酸盐不易溶解，当饲料中蛋白质过高、维生素A缺乏、肾损伤（患鸡传染性支气管炎）时，大量的尿酸盐将沉积于肾脏，还可沉积在关节及其他内脏器官表面，导致痛风。

4. 蛋鸡肾小管与集合管的转运特点

①肾小管上皮细胞向小管液中分泌尿酸，不是尿素。

②鸡无肾盂和膀胱，肾小管液通过集合管汇入输尿管，再进入泄殖腔，最后排出体外。

③肾小管浓缩尿的能力很低，泄殖腔有很强的重吸收水的能力，尿到泄殖腔渗透浓度高，但尿液的排出量较少。

④尿酸在尿液中有很高的不溶性，极易在肾小管和输尿管发生沉淀，尿液需以较多的水分，将其冲运到泄殖腔加以排泄。

七、生殖系统解剖生理特点

1. 公鸡生殖器官特点

公鸡生殖器官由睾丸、附睾、输精管和交配器官组成。禽类的睾丸呈豆型，色乳白，左右对称，由睾丸系膜吊于腹腔背中线两侧，约在最后两个椎肋上部。附睾小，紧贴在睾丸的背内侧。公鸡无阴茎，却有一套完整的交媾器，性静止期隐匿在泄殖腔内，由一对输精管乳头、一对脉管体、阴茎体和淋巴襞组成。

2. 母鸡的生殖系统

包括卵巢和输卵管。在胚胎期两侧同时发生，但只有左侧发育成熟，而右侧退化。

母鸡的卵巢是单侧发育，右侧卵巢及输卵管在胚胎发育的第7～9天停止发育，只有左侧卵巢及输卵管继续发育。

（1）卵巢　左卵巢位于左肾前半部的腹侧，以短的系膜悬吊于腹腔背侧。幼龄时小，呈长椭圆形，成年时发达，可见不同发育阶段的卵泡，内集卵黄。性成熟时，卵巢可达 3cm×2cm，重 2~6g。产蛋期常见 4~6 个体积依次递增的大卵泡，在卵巢腹侧面有成串似葡萄样的白色小卵泡，以短柄与卵巢紧接。蛋鸡卵泡无卵泡腔及卵泡液，排卵后不形成黄体。产蛋结束时，卵巢又恢复到静止期时的形状和大小。

（2）输卵管　蛋鸡输卵管具有输送卵子、形成蛋的各种成分的功能，此外，还是受精和暂时贮存精子的场所（表 1-1）。

左侧输卵管发育完全，是一条长而弯曲的管道，以系膜悬挂在腹腔背侧偏左。输卵管可分五部分。

a. 漏斗部：是输卵管起始端，四周为输卵管伞，中央有一宽的输卵管腹腔口。

b. 膨大部：也称蛋白分泌部，最长，黏膜形成纵襞，内含丰富的腺体，卵白主要在此分泌。

c. 峡部：是较窄的一段。

d. 子宫部：是峡后较宽的部分，卵在此停留时间最长，黏膜里含有壳腺，形成卵壳。

e. 阴道部：是输卵管的末段，开口于泄殖道的左侧。

表 1-1　母鸡输卵管

输卵管部	长度（cm）	卵停留时间	功能
漏斗部	9	15min	承受卵、受精场所
膨大部	32	3h	分泌蛋白
峡部	10	80min	形成内、外壳膜，注入水分
子宫部	11	18~20h	注入子宫液，形成蛋壳，着色，壳外膜
阴道部	10	几分钟	通过

鸡蛋的形成时间需 23~26h，高产鸡的鸡蛋形成时间短于低

产鸡。母鸡与其他家禽一样具有区别于哺乳动物的繁殖特点，即能连续排卵和产生受精卵，受精蛋在体外发育。

3. 卵的形成、发育和排卵

（1）卵的形成和发育　胚胎孵化中期卵巢生殖上皮开始增殖形成原母细胞，出壳后，形成初级卵母细胞，排卵前，形成次级卵母细胞，与精子相遇，形成成熟卵。

（2）排卵规律及其调节　自然光照条件下，排卵在早晨进行。母鸡一般在产蛋后的 15～17min 开始排卵。排卵受腺垂体所分泌的黄体生成素和孕酮调节。连续多天产蛋后，停产 1～2 天，然后又连续多天产蛋，又停产 1～2 天，如此循环就叫做产蛋周期。

处于性成熟的蛋鸡，其发达的左侧卵巢产许多卵泡（1 000～3 000个），每一个卵泡内有一个卵子，每成熟一个卵泡就排出一个卵子。由于卵泡能依次成熟，所以，蛋鸡在一个产蛋周期中，能连续产蛋。

光线刺激丘脑能影响垂体的内分泌活动，因此，光照是影响蛋鸡产蛋周期的最重要的环境因素，目前，蛋鸡养殖，已经成功地运用人工延长光照的方法提高蛋鸡的产蛋率。

光照、环境温度、营养水平、龄期以及交配次数对精液的形成有影响；不同颜色的光对精液的形成也有影响，精液量依红、橙、黄、绿、蓝的次序而降低。

蛋鸡的卵子可能仅局限在漏斗部受精，鸡在交配或受精后的 2～3 天的受精率最高，在最后一次交配或受精后的 5～6 天仍有良好的受精率。

当卵形成了硬壳蛋时进行交配或受精，受精率一般较低；若在形成软壳蛋时交配或受精，则受精率高，因此，一般认为，鸡在下午进行交配或受精较合适，有利于提高受精率。

八、免疫系统解剖生理特点

1. 淋巴管

鸡组织内毛细淋巴管逐渐汇合成较大的淋巴管，再由淋巴管汇合成胸导管。鸡有一对胸导管。从骨盆起始，向前沿主动脉伸延，最后注入两条前腔静脉。

2. 淋巴组织

鸡的淋巴组织除形成一些淋巴器官外，还广泛分布于体内，如实质性器官、消化管壁内等。有的为弥散性，或呈小结状；有的为孤立淋巴小结，有的为集合淋巴小结。

淋巴组织形成的淋巴器官主要是：

（1）胸腺　位于颈部两侧皮下，分叶状，一般每侧 7 叶，淡黄色。性成熟后开始退化。成年鸡常保留一些遗迹。

（2）腔上囊　又称法氏囊，是鸟类动物特有的淋巴器官。鸡的为圆球形，位于泄殖腔的背侧。与胸腺不同，腔上囊训化 B 细胞成熟，主导机体的体液免疫。将孵出的雏鸡去掉腔上囊，会使血中 γ 球蛋白缺乏，且没有浆细胞，注射疫苗也不能产生抗体。性成熟前（3～5 月龄）腔上囊达到最大。性成熟后开始退化，鸡 10 月龄时退化消失。

法氏囊是家禽所特有的中枢免疫器官，主导体液免疫，鸡传染性法氏囊病主要侵害此部位，引起鸡免疫抑制，导致早期的免疫接种失败和对病原微生物的易感性增强。

（3）脾　位于腺胃与肌胃交界处的右腹侧，棕红色，鸡脾呈球形。

第二章

家庭农场蛋鸡用药

第一节　家庭农场蛋鸡用药基本知识

一、蛋鸡用药方法

为了防制鸡群某些疫病的发生与流行，保证鸡群的健康生长，需要适时地进行预防和治疗性投药。蛋鸡的投药方法很多，大体上可分为三类，即全群投药法、个体给药法和体表给药法。家庭农场蛋鸡多采取全群投药法。

1. 全群投药法

（1）混料给药　即将药物均匀地拌入料中，让鸡采食时能同时吃进药物。该法简便易行，节省人力，应激小，效果可靠，主要适用于预防性用药，尤其适用于连续多天投药。该方法是养鸡实践中最常用的投药方式之一。适用于混料的药物比较多，尤其是一些不溶于水的药物（微量元素、多种维生素、鱼肝油等），采用此法投药更为恰当。

（2）饮水给药　就是将药物溶于少量饮水中，让鸡在短时间内饮完，也可以把药物稀释到一定浓度，让鸡自由饮用。此法适用于短期投药和紧急治疗投药。尤其适用于已发病、采食量明显减少而饮水状况较好的鸡群。投喂的药物必须是水溶性的，如葡萄糖、酒石酸泰乐菌素等。

（3）气雾给药　是指让鸡只通过呼吸道吸入或作用于皮肤黏膜的一种给药方法。适用于该法的药物应对鸡呼吸道无刺激性，且能溶解于其分泌物中，否则不能吸收。如疫苗的气雾免疫、消毒药物的喷雾消毒和一些用于呼吸系统、皮肤感染的治疗药物。

2. 个体给药法

（1）口服法　此法一般只用于个体治疗。该法虽然费时费力，但剂量准确，疗效有保证。投药时把药物经口投入食道的上端，或用带有软塑料管的注射器把药物经口注入鸡的嗉囊内。

（2）体内注射法　包括静脉注射法、肌内注射法和嗉囊注射法3种，其中，肌内注射法较为常用。肌内注射的优点是吸收速度快、完全，适用于逐只治疗，尤其是紧急治疗时，效果更好。对于肠道难吸收的药物，如庆大霉素等，在治疗非肠道感染时，可以肌内注射给药。

3. 体表给药法　多用来杀灭体外寄生虫，常用喷雾、药浴、喷洒等方法。此法用药应注意用量，有些药物使用剂量大时，会出现中毒，最好事先准备好解毒药，如使用有机磷杀虫剂时，应准备阿托品、解磷定等解毒药。

二、蛋鸡投药注意事项

1. 混料给药

（1）准确掌握混料浓度　进行混料给药时，应按照拌料给药浓度，准确计算所用药物的剂量。若按鸡只体重给药，应严格计算总体重，再按照要求把药物拌进料内。药物的用量要准确称量，切不可估计大约，以免造成药量过小，起不到作用，药量过大，引起中毒等不良反应。

（2）确保用药混合均匀　为了使所有鸡都能吃到大致相等的药物，必须把药物和饲料混合均匀。先把药物和少量饲料混匀，然后将混有药物的料加入到大批饲料中，继续混合均匀。加入饲料中的药量越小，越要注意先用少量饲料进行预混，直接将药加入大批饲料中是很难混匀的；对于容易引起药物中毒或副作用大的药物（磺胺类药物）更应注意混合均匀。切忌把全部药量一次加入到所需饲料中简单混合，以免造成部分鸡只药物中毒，与此同时，部分鸡又吃不到药，达不到防治目的。

（3）用药后密切注意有无不良反应 有些药物混入饲料后，可与饲料中的某些成分发生颉颃反应，这时应密切注意不良作用。如饲料中长期混合磺胺类药物，就易引起 B 族维生素和维生素 K 的缺乏，这时应适当补充这些维生素。另外，还要注意中毒等反应。

2. 饮水给药

①所用药物应易溶于水，且在水中性质较稳定。

②注意水质对药物的影响，水的 pH 值以呈中性为好。

③给药前停水，保证药效。为保证鸡只饮入适量的药物，多在用药前，让整个鸡群停止饮水一段时间，一般寒冷季节停水 3~4h，气温较高季节停水 1~2h，然后换上加有药物的饮水，让鸡只在一定时间内充分喝到药水。

④准确认真，按量给水。为保证绝大部分鸡在一定时间内喝到一定量的药水，不至于剩水过多，造成摄入鸡体内的药量不够，或加水不足，致使饮水不够或不均，要认真计算不同日龄及鸡群大小的供水量。

3. 经口投药

须注意流体药物如果直接灌服于鸡的口腔时，或软塑料管插入食道过浅时，可能引起鸡窒息死亡。

4. 体内注射

注射部位一般在胸部注射时不可直刺，要由前向后成 45°角斜刺 1~2cm，不可刺入过深。腿部注射时要避开大的血管，不要在大腿内侧注射。

三、鸡常用的保健药物

鸡常用的保健药物按作用不同可分以下几种。

1. 雏鸡开口用药

雏鸡开口用药为第一次用药。雏鸡进舍后应尽快饮上2%～5%的葡萄糖水，以减少早期死亡。葡萄糖水不需长时间饮用，一般每2～3h饮一次即可。饮完后应适当补充电解多维，投喂抗菌药物预防沙门氏菌、大肠杆菌和支原体的垂直感染，但禁止使用毒性较强的抗菌药物（磺胺类药等）。

2. 抗应激用药

临床上许多疾病的感染都有应激因素参与，如断喙、疫苗接种、转群、扩群、更换饲料、停电、天气突变等。若不及时采取有效的预防措施，疾病就会向严重方向发展。抗应激用药就是在疾病的诱因产生之前开始用药，以提高机体的抗病能力。抗应激药一般可使用维生素C、维生素E、电解多维。

3. 营养性用药

营养物质和药物没有绝对的界限，当家禽缺乏营养时就需要补充营养物质，此时的营养物质就是营养药。鸡新陈代谢很快，不同的生长时期表现出不同的营养缺乏症，如维生素A缺乏症、维生素B缺乏症、维生素D缺乏症、维生素E缺乏症等。补充营养药要遵循及时、适量的原则，过量地补充营养药会造成营养浪费和鸡的中毒。

4. 保肝护肾药

在防治疾病过程中频繁用药或大剂量用药势必增加蛋鸡肝解毒、肾排毒负担，超负荷的工作量最终将导致鸡的肝功能和肾功能降低。除了提高饲养水平外，根据鸡肝、肾实际损伤情况定期或不定期地使用保肝护肾药。此外在鸡群感染某些疾病导致胃肠道损伤时，也可配合保肝的药物辅助治疗。

四、产蛋鸡禁用药或慎用药

由于我国家禽养殖业整体环境比较复杂，各种鸡病的流行日益严重而复杂。养殖场为预防和控制疾病，在未确诊病情的情况下，盲目投药和乱用药现象仍很严重，不仅贻误病情，耽误有效的治疗时机，而且由于产蛋率下降，造成较大经济损失，也给鸡蛋带来药残，而影响消费者的健康。因此，家庭农场蛋鸡在出现疫情时，除了需要及时确诊，给出正确的处理方案外，在药物使用上还应了解哪些药物是禁用的，哪些药物是需要慎用的。

1. 兽药使用标准

蛋鸡饲养场所用兽药应符合《中华人民共和国兽药典》《中华人民共和国兽药规范》《兽药质量标准》《进口兽药质量标准》和《兽用生物制品质量标准》的有关规定。所用兽药应产自GMP认证企业的、具有兽药生产许可证和产品批准文号的产品，或者具有《进口兽药登记许可证》的供应商提供的产品。所用兽药的标签应符合《兽药管理条例》的规定。食品动物在感染疾病的情况下，抗微生物的药物使用要严格按照《附录一》中的内容和2013年8月1日经农业部第7次常务会议审议通过的《兽用处方药和非处方药管理办法》以及农业部2014年2月28日第2069号公告《乡村兽医基本用药目录》用药。在药物的使用过程中，要遵照农业部公告第278号令《兽药国家标准和专业标准中部分品种的停药期规定》执行，以保障鸡蛋的药物残留符合规定，保障食品安全。

2. 兽药禁止、限制及慎重

禁止使用对产蛋鸡有害的药物；限制使用可能导致产蛋下降的药物，慎重选用因用药剂量等原因可能会影响产蛋的药物。

（1）在养鸡生产中，磺胺嘧啶、磺胺氯吡嗪、增效磺胺嘧啶等常用于防治鸡白痢、球虫病、鸡传染性鼻炎等　这些药只能用于雏鸡和青年鸡，产蛋鸡应禁用，否则，鸡会产软壳蛋和薄壳蛋。此外，含有磺胺类成分的药物都会抑制产蛋，导致产蛋率降低。

（2）四环素类广谱抗生素　其副作用较大，易使鸡体缺钙，而阻碍蛋壳的形成，导致鸡产软壳蛋，蛋的品质差，甚至导致鸡的产蛋率下降。

（3）抗球虫类药物　如莫能菌素、氯羟吡啶、尼卡巴嗪等，这些药物一方面有抑制产蛋的作用，另一方面能在鸡蛋中残留，危害人体健康，故产蛋期应禁用。

3.产蛋鸡禁用

氨丙啉、盐霉素、马杜霉素、拉沙菌素、红霉素、土霉素、北里霉素、泰乐菌素、新生霉素、维吉尼亚霉素等均禁用于产蛋鸡。产蛋期如用杆菌肽锌、牛至油、复方磺胺氯哒嗪钠（磺胺氯哒嗪钠甲氧苄啶）、托曲珠利、维吉尼亚霉素等药物须在兽医指导下限制使用。

第二节　抗微生物药物

抗微生物药物，指对细菌、支原体、衣原体、真菌、病毒等微生物具有选择性抑制或杀灭作用，主要用于防治微生物导致的感染性疾病的一类药物。抗微生物药物包括抗菌药物、抗病毒药物、抗原虫药物、抗支原体药物、抗衣原体药物、抗立克次体药物。抗菌药物又包括抗细菌药物、抗真菌药物。抗生素是抗微生物药物里最主要的一大类药物，包括：β-内酰胺类、氨基糖苷类、四环素类、酰胺醇类、大环内酯类、林可胺类、多肽类、多烯类、截短侧耳素类、含磷多糖类、聚醚类。合成抗菌药物包括：氟喹诺酮类、磺胺类等。

一、概述

(一) 基本概念

1. 抗菌谱

指药物抑制或杀灭病原微生物的范围。又分为窄谱抗菌药和广谱抗菌药。其中，窄谱抗菌药仅对单一菌种或某一属细菌有效（例如异烟肼仅对结核分枝杆菌有效）。而广谱抗菌药能抑制或杀灭多种不同种类的细菌，抗菌作用范围广泛，不仅作用于革兰氏阳性菌和革兰氏阴性菌，并且对衣原体、支原体、立克次体等也有抑制作用（如四环素类、酰胺醇类、氟喹诺酮类，此外，半合成的抗生素和人工合成抗菌药多数有广谱抗菌作用），需要注意的是，多数广谱抗生素是抑菌药，而许多窄谱抗生素是杀菌药。但是高剂量的红霉素和四环素及氟喹诺酮类除外。

2. 抗菌活性

是指抗菌药物抑制或杀灭病原菌的能力。常以最低抑菌浓度（MIC）及最低杀菌浓度（MBC）表示，单位均为 $\mu g/ml$ 或 mg/L。MIC 指在体外试验中能抑制培养基内细菌生长的最低浓度。在一批试验中能抑制 50% 或 90% 受试菌所需的 MIC，分别称为 MIC_{50} 或 MIC_{90}。MBC 是指以杀灭细菌为评定标准时，使活菌总数减少 99% 或 99.5% 以上的浓度。某些抗菌药物的抗菌和杀菌作用是相对的，呈现量效关系。有些抗菌药在低浓度时呈抑菌作用，而高浓度呈杀菌作用。针对抗菌活性的差别，临床将抗菌药分为抑菌药和杀菌药。其中，杀菌药（$MBC \approx MIC$）是指具有杀灭病原菌作用的药物，如青霉素类、氨基糖苷类和氟喹诺酮类等。而抑菌药（$MBC \geq MIC$）是指仅能抑制病原菌的生长繁殖，而无杀灭作用，如磺胺类、酰胺醇类和四环素类等。常用纸片法测定细菌对药物的敏感性，以药敏片周围抑菌圈直径大小为标准，其直径与药物对细菌的 MIC 成反比，抑菌圈越大，说明

细菌对该药物越敏感，一般的判定标准为：抑菌圈直径＞20mm
为极敏感，15.1～20mm 为高度敏感，10～15mm 为中度敏感，
＜10mm 为耐药。

3. 抗菌药后效应（PAE）

是指细菌与抗菌药物短暂接触后，将药物完全除去，细菌的
生长仍然受到持续抑制的效应。PAE 以时间的长短来表示。如
β-内酰胺类对革兰氏阳性菌的 PAE 为 2～6h，对革兰氏阴性菌
则很短或没有；而作用于蛋白质和核酸合成的抗菌药物如氨基糖
苷类、大环内酯类、氟喹诺酮类、酰胺醇类、四环素类等对革兰
氏阴性菌和阳性菌产生 1～6h 甚至更长的 PAE。此外，处于 PAE
期的细菌再与亚抑菌浓度的抗菌药物接触后，可进一步被抑制，
这种作用称为抗菌药后效应期亚抑菌浓度。由于 PAE 明确显示
抗菌药物被清除或浓度低于 MIC 时细菌的生长繁殖仍受抑制，
并且在大多数情况下抗生素浓度越高，接触时间越长，则 PAE
越长，因此，能对抗菌药物的给药方案起作用，被认为是确定剂
量与给药间隔时间的重要参数。对有明显 PAE，且毒性较低的
药物，其最佳给药间隔应为有效浓度维持时间加上 PAE。

4. 耐药性

指细菌与抗菌药物反复多次接触以后，对药物的敏感性下降
甚至消失，致使抗菌药物对耐药菌的疗效降低或无效。病原微生
物在体内外对多种抗菌药物可产生耐药性，使药物对其的 MIC
升高。

避免细菌耐药性的措施：耐药性产生机理很复杂，不少病原
菌往往具有两种或两种以上的机理，正常情况下，质粒介导的耐
药菌虽与敏感菌一样生长，但只占少数，难于与占优势的敏感菌
竞争，但在敏感菌因药物选择作用而被大量杀死后，耐药菌得以
大量繁殖成为优势菌，并引起各种感染，所以，广泛应用抗菌药
物特别是无指征滥用，也能促进细菌耐药性的发生发展，尤其是

一些人畜共用的治疗药物添加作为动物生长促进剂。同时，虽然有的细菌产生耐药性后有一定的稳固性，但有的抗菌药物在停用一段时间后敏感性可逐渐恢复（如细菌对庆大霉素的耐药性，可在停药后数周恢复敏感性），因此，在养殖过程中，不要长期固定使用某几种药物，要有计划分期分批交替使用，可能对防止或减少细菌耐药性的发生和发展有一定作用。为了克服细菌对药物产生耐药性，临床用药要注意抗菌药物的合理应用，给予足够的剂量与疗程，必要的联合用药和有计划的轮换供药。

（二）抗生素作用机制

1. 抑制细菌细胞壁合成

细菌细胞膜外是一层坚韧的细胞壁，能抗御菌体内强大的渗透压，具有保护和维持细菌正常形态的功能。细菌细胞壁主要结构成分是胞壁黏肽，由 N-乙酰葡萄糖胺（GNAc）和与五肽相连的 N-乙酰胞壁酸（MNAc）重复交替联结而成。胞壁黏肽的生物合成可分为胞浆内、胞浆膜与胞浆外 3 个阶段。胞浆内黏肽前体的形成可被磷霉素与环丝氨酸所阻碍；胞浆膜阶段的黏肽合成可被万古霉素和杆菌肽所破坏；青霉素与头孢菌素类抗生素则能阻碍直链十肽二糖聚合物在胞浆外的交叉联接过程。能阻碍细胞壁合成的抗生素可导致细菌细胞壁缺损。革兰氏阳性菌的细胞壁主要成分是黏肽，而革兰氏阴性菌的细胞壁主要成分是磷脂，所以，本类作用机制的药物对革兰氏阳性菌作用强，胞壁破坏后，受菌体内高渗透压的影响，水分不断渗入，致使细菌膨胀、变形、破裂、溶解而死亡。本类抗生素主要影响正在繁殖的细菌细胞，所以又称为繁殖期杀菌剂。

2. 影响胞浆膜的通透性

多肽类抗生素含有正电荷，具有表面活性作用，能选择性地与革兰氏阴性菌胞浆膜中的磷脂结合；多烯类抗生素则与真菌胞浆膜上的固醇类物质结合。多黏菌素类抗生素具有表面活性物质，能选择性地与细菌胞浆膜中的磷酯结合；而制霉菌素和两性霉素等多烯类抗生素则仅能与真菌胞浆膜中固醇类物质结合。它们均能使胞浆膜通透性增加，导致菌体内的蛋白质、核苷酸、氨基酸、糖和盐类等外漏，从而使细菌死亡。

3. 抑制蛋白质合成

细菌为原核细胞，其核蛋白体为 70S，由 30S 和 50S 亚基组成，哺乳动物是真核细胞，其核蛋白体为 80S，由 40S 与 60S 亚基构成，因而它们的生理、生化与功能不同，抗菌药物对细菌的核蛋白体有高度的选择性毒性，而不影响哺乳动物的核蛋白体和蛋白质合成。多种抗生素能抑制细菌的蛋白质合成，但它们的作用点有所不同。

（1）能与细菌核蛋白体 50S 亚基结合 使蛋白质合成呈可逆性抑制的有氯霉素、林可霉素和大环内酯类抗生素（红霉素等）。

（2）能与核蛋白体 30S 亚基结合 而抑菌的抗生素如四环素能阻止氨基酰 tRNA 向 30S 亚基的 A 位结合，从而抑制蛋白质合成。

（3）能与 30S 亚基结合的杀菌药 氨基甙类抗生素（链霉素等）。它们的作用是多环节的，可影响蛋白质合成的全过程，因而具有杀菌作用。

4. 抑制核酸代谢

喹诺酮类作用于 DNA 回旋酶，抑制敏感菌的 DNA 复制和 mRNA 的转录。

5. 干扰叶酸代谢

对磺胺类敏感的微生物不能利用外源叶酸，而是利用对氨基苯甲酸（PABA）和喋啶在二氢叶酸合成酶的作用下生成二氢叶酸，再经二氢叶酸还原酶的作用形成四氢叶酸。活化的四氢叶酸是一碳单位的传递体，在嘌呤、嘧啶核苷酸的合成过程中负责一碳单位的传递。磺胺类与甲氧苄啶（TMP）可分别抑制二氢叶酸合成酶与二氢叶酸还原酶，妨碍叶酸代谢，最终影响核酸合成，从而抑制细菌的生长和繁殖。

（三）合理使用抗微生物药物

正确应用抗微生物药是发挥药物疗效的重要前提，不合理的使用抗微生物药物不仅造成药品的浪费，还可导致细菌产生耐药性、兽药残留、蛋鸡不良反应增多，不利于保障动物机体健康，更有甚者可能引起中毒，出现所谓的药源性疾病，给兽医工作、公共卫生、食品安全及人民健康带来不良的后果。

1. 抗菌药临床应用的基本原则

（1）严格按照适应症选药　每一种抗微生物药物都有不同抗菌谱与适应症。临床诊断、细菌学诊断和体外药敏试验可作为选药的重要参考。此外，还应根据机体情况，肝、肾功能，感染部位，药物代谢动力学特点，细菌产生耐药性的可能性、不良反应和价格等方面综合考虑。正确诊断是药物选择的基础；条件许可时，进行单药药敏及联合药敏试验；避免无指征或指征不强时，使用抗菌药物。

对病毒性感染不宜用抗菌药物，不明原因的发热也不宜使用抗菌药物，对真菌感染也不宜选用一般的抗菌药。对一般革兰氏阳性菌引起的疾病可选用 β-内酰胺类和红霉素等。对革兰氏阴性菌（巴氏杆菌、大肠杆菌）引起的肠炎、生殖系统炎症等优先选用氨基糖苷类、酰胺醇类和喹诺酮类。对耐青霉素的金黄色葡萄球菌所致呼吸道感染、败血症等可选用耐青霉素酶的半合成青霉素，如苯唑西林、氯唑西林，也可用庆大霉素、大环内酯类和头孢菌素类。对铜绿假单胞菌引起的创面感染、泌尿系统感染、肺炎等可选用庆大霉素、多黏菌素类和羧苄西林等。对支原体引起的鸡慢性呼吸道病则首选氟喹诺酮类（如恩诺沙星、达氟沙星）、泰乐菌素、泰妙菌素和替米考星等。

（2）掌握药物动力学特征，制定合理的用药方案　合理的用药方案包括药物品种、给药途径、剂量、给药间隔及疗程等。

药物品种是先决条件。适宜的用药途径是保障。生物利用度高的口服制剂可用于轻度、中度感染；危重病例则适合采取肌内注射和静脉注射的方法给药；消化道感染以内服为主，严重消化道感染同时并发败血症、菌血症时，应内服并配合注射给药。

药物剂量是关键。剂量过小不仅无效，反而诱导耐药菌的产生；剂量过大，不仅造成不必要的浪费，还可能引起机体中毒。应参考药敏试验并结合药物特点选择使用剂量。高度敏感菌：因血中浓度要求较低而剂量较低；中度敏感菌：为确保足够的血药浓度需使用高剂量。一般对中、轻度感染，其最大稳态浓度宜超过 MIC 的 $4 \sim 8$ 倍，而重度感染则在 8 倍以上。需要注意的是，浓度依赖型抗菌药和时间依赖型抗菌药使用方案的差别。

浓度依赖型抗菌药（氨基糖苷类、氟喹诺酮类、两性霉素 B 等）的抗菌强度与药物的血药浓度成正比，且具有以下特点。

①抗菌活性随药物的浓度升高而增强，当达峰浓度（C_{max}）大于致病菌 MIC 的 $8 \sim 10$ 倍时，抑菌活性最强。

②有较显著的 PAE。

③血药浓度低于 MIC 时对致病菌仍有一定的抑菌作用。如，氨基糖苷类日剂量 1 次使用与分剂量使用，疗效不变或有所加强，而耳毒性、肾毒性显著降低。

时间依赖型抗菌药的抗菌活性随用药时间延长而增强，当血药浓度超过最低抑菌浓度一定程度后，再增加抗菌药浓度并不能增强其抗菌活性。时间依赖型抗菌药有短半衰期药物（β-内酰胺类、林可胺类等）和长半衰期药物（大环内酯类），其共同的特点是：

①当血药浓度超过对致病菌的 MIC 以后，其抑菌作用不随浓度的升高而有显著的增强，而与血药浓度超过 MIC 的时间密

切相关；一般24h应维持在50%~60%以上。

②仅有一定的PAE或没有PAE。

③当血药浓度低于MIC时，一般无显著的抑菌作用。

疗程应充足，一般的感染性疾病用药2~3d，症状消失后，再巩固1~2d，以防复发；支原体病的治疗一般需5~7d；磺胺类药物的疗程要增加2d。急性感染，如临床效果欠佳，应考虑在用药5d内改用其他抗菌药。抗菌药物应足剂量、足疗程的应用。在取得稳定疗效后停药。疗程过短易使疾病复发或转为慢性。中途不可随意减量或停药，以免治疗不彻底引起复发或诱导耐药菌株产生。

（3）避免耐药性的产生　随着抗菌药物在蛋鸡养殖业中的广泛应用，细菌耐药性问题日趋严重，尤以大肠杆菌、金黄色葡萄球菌、铜绿假单胞菌等最易产生耐药性。为保证动物健康，用药时应严格掌握适应症，不滥用抗菌药物。用单一抗菌药物有效的就不采用联合用药。严格掌握用药指征，剂量要够，疗程要恰当。皮肤黏膜等局部感染应尽量避免局部应用抗菌药，因其易发生过敏反应和诱导耐药菌的产生。减少不必要的预防应用。病因不明者，不要轻易使用抗菌药。耐药菌株导致的感染，应改用对病原菌敏感的药物或采取联合用药。尽量减少长期用药，同一农场的蛋鸡不要长期固定使用某一类或某几种药物，要有计划的分期、分批交替使用不同类或不同作用机理的抗菌药。

（4）防止药物的不良反应　使用抗菌药物过程中，要注意防范可能出现的不良反应，一经发现，应及时停药、更换药物和采取相应解救措施。对有肝功能或肾功能不全的病例，易引起由肝脏代谢（红霉素、氟苯尼考等）或由肾脏清除（β-内酰胺类、氨基糖苷类、四环素类、氟喹诺酮类、磺胺类等）的药物蓄积，产生不良反应。对于上述病例，应减少给药剂量或延长给药间隔时间，以避免药物的蓄积性中毒。高度集约化的养殖过程中，应用大量的抗菌药物防治疾病，随之而来的是动物性食品中药物残留问题日益严重；同时，养殖场的排泄物中所含的药物又会污染环境，给生态环境带来不良影响。

2. 抗菌药的联合应用

（1）联合用药的主要优点　发挥药物的协同抗菌作用以扩大抗菌谱、提高疗效；延缓或减少耐药菌的出现；对混合感染或不能作细菌学诊断的病例，联合用药可扩大治疗范围；联合用药可减少个别药剂量，从而减少毒副作用。

但是不恰当的联合应用，也可能产生一系列的不利后果：增加不良反应发生率；容易出现二重感染；耐药菌株增加；浪费药物；延误正确治疗。

（2）联合用药的指征

①单一药物不能控制的严重感染或/和混合感染，如腹膜炎、鸡支原体-大肠杆菌混合感染、支原体-巴氏杆菌混合感染等。

②病因未明而又危及生命的严重感染，先进行联合用药，待确诊后，再调整用药。

③长期用药治疗容易出现耐药性的细菌感染，如结核病。

④联合用药时，毒性较大的抗菌药减少剂量，如多黏菌素 B 与四环素类合用，前者用量可减少，从而减少毒性反应。

（3）联合用药可能产生的结果　两种抗菌药联合应用在体外或动物实验中可获得无关、相加、协同（增强）和颉颃四种效果。临床当中为了获得联合用药的相加或协同作用，必须根据抗菌药物的特性和机理进行选择。

首先，抗菌药物一般根据抗菌特点分为 4 类。

第一类为繁殖期或速效杀菌药。主要有 β-内酰胺类，能阻碍细菌细胞壁粘肽的合成，造成细胞壁缺损，失去稳定菌体内渗透压的屏障作用，使水分不断渗入菌体内，导致菌体膨胀、解体而死。这类药物对细胞壁生物合成旺盛期的敏感菌特别有效，对已形成细胞壁的细菌无抗菌作用，故称为繁殖期杀菌剂。

第二类为静止期或慢效杀菌药。主要有氨基糖苷类、氟喹诺酮类、多肽类（如多黏菌素）。主要作用于细菌蛋白质合成过程，致使合成异常的蛋白，阻碍已合成的蛋白质的释放，使细菌细胞膜通透性增加，导致一些重要生物物质外漏，引起细胞死亡。本类药物对静止期细菌的杀灭作用较强，故称为静止期杀菌药。

第三类为速效抑菌剂。仅作用于分裂活跃的细菌，属生长期抑菌剂，如四环素类、酰胺醇类、大环内酯类、林可霉素类，它们的作用机理相同，均是抑制细菌的蛋白质合成，从而产生快速抑菌作用，而不是杀菌作用。

第四类为慢效抑菌剂。其通过干扰敏感菌的叶酸代谢而抑制其生长繁殖，如磺胺类。

一般来说，第一类繁殖期杀菌剂和第二类静止期杀菌剂合用可以获得增强和协同作用，青霉素＋链霉素或青霉素＋庆大霉素（不能用庆大霉素稀释青霉素）或青霉素＋多黏菌素的联合应用都有临床意义。这是因为第一类药物使细菌细胞壁的完整性被破坏后，第二类药物易于进入细胞。

第一类速效杀菌剂不能和第三类速效抑菌剂联合，否则，容易出现拮抗作用。如青霉素不能和氟苯尼考、四环素类、大环内酯类、林可霉素联用，因为这四者能迅速抑制细菌蛋白质合成，使细菌处于停止生长繁殖的静止状态，致使繁殖期杀菌剂的青霉素干扰细胞壁的合成功能不能获得充分发挥，降低青霉素的药效。

第一类繁殖期杀菌剂与第四类慢效抑菌剂合用，虽然一般无增强或减弱的影响，不会有重大影响或发生颉颃作用，但由于第一类对代谢受到抑制的细菌的杀灭作用较差，故一般不宜联合应用。所以，在注射青霉素时，就不必再同时注射磺胺类药，但治疗脑炎时例外，在有明显指征时，磺胺嘧啶钠与青霉素分别肌内注射（不能混合），在治疗脑部细菌感染时，能提高药效。

第二类和第三类、第四类联用，常常可以获得协同和相加作用。

第三类与第四类合用，由于都是抑菌药，一般可获得协同作用。

还应注意：作用机制不同的杀菌药，如，青霉素类和喹诺酮类，可以合用，有协同作用。而作用机理相同的一类抑菌药物，如氟苯尼考、大环内酯类、林可霉素类、泰乐菌素等，都是作用于细菌核糖体的50S亚基，抑制肽链的延长，阻碍细菌蛋白质合成而产生快速抑菌作用，它们之间不能联用，否则可能因为抢占同一作用靶位而出现拮抗。如氟苯尼考不能与后三者联用，由于竞争作用部位，后者可替代或阻止氟苯尼考与50S亚基结合而产生颉颃作用，导致减效。

化学结构类似的药物之间不宜联用。如氨基糖苷类之间的链霉素、庆大霉素、卡那霉素等不宜联用，否则，将增强耳毒性、肾毒性。

除此以外，联合用药产生的作用也可能因为不同菌种和菌株而产生差异，药物剂量和给药顺序也会影响效果。联合用药还应注意药物之间的理化性质、药物动力学和药效学之间的相互作用与配伍禁忌。

二、抗生素

（一）概念

抗生素是细菌、真菌、放线菌等微生物的代谢产物，能杀灭或抑制病原微生物。

（二）分类

根据化学结构分为以下几类。

1. β-内酰胺类

属于繁殖期杀菌药，可以与细菌细胞膜上的青霉素结合蛋白结合而妨碍细菌细胞壁粘肽的合成，使细菌细胞壁缺损，同时，使细菌细胞壁自溶酶活化，从而导致细菌菌体的裂解。本类药物包括青霉素类、半合成青霉素类和头孢菌素类等，它们均属于兽用处方药。

（1）青霉素类 青霉素类属于窄谱抗生素，主要作用于革兰氏阳性菌、革兰氏阴性球菌和螺旋体；大部分革兰氏阴性菌对青霉素敏感性低。青霉素溶于水后极不稳定，易被酸、碱、醇、氧化剂、金属离子所破坏而丧失抗菌活性。雏鸡每只每次 2 000 国际单位，短时间饮完；每只成年蛋鸡每天注射 2 万 ~ 5 万单位，每天 2 ~ 3 次。

（2）半合成青霉素 为了规避青霉素类不耐酸、不耐青霉素酶、抗菌谱窄等特点，利用青霉素母核（6-氨基青霉烷酸）为原料合成的一些衍生物，它们分别具有耐酸、耐酶、广谱和口服吸收好、在体内分布广等特点。它们不但抗菌谱广，尤其是对革兰氏阴性菌的抗菌活性增强。兽用临床常见的有耐酶、耐酸的苯唑青霉素、乙氧萘青霉素、邻氯青霉素、双氯青霉素等；还有广谱、耐酸的氨苄青霉素、梭氨苄青霉素、阿莫西林等。内服，每 1kg 体重蛋鸡用 20mg 左右。

（3）头孢菌素类 头孢菌素类是由支顶头孢子菌培养液中的一种有效成分头孢菌素 C 分离得到母核 7-氨基头孢烯酸，经加上各种侧支结构而合成的一系列半合成抗生素，具有抗菌谱广、杀菌力强、过敏反应少，对酸和各种细菌所产生的 β-内酰胺酶较青霉素稳定等特点。目前，在兽用处方药中仅有注射用头孢噻呋、盐酸头孢噻呋注射液、注射用头孢噻呋钠等产品。1 日龄雏鸡，每只 0.1mg。

（4）克拉维酸 又名棒酸。单独使用无效，通常与其他 β-

内酰胺类抗生素合用。用于产酶和不产酶金黄色葡萄球菌、葡萄球菌、链球菌、大肠杆菌、巴氏杆菌等引起的感染。与氨苄西林合用时，可使之对产酶金葡菌的 MIC 由大于 1 000μg/ml 减少至 0.1μg/ml。拌料一次量，每 1kg 体重蛋鸡用 20~30mg，每日 2 次，连用 3~5 天。混饮，每 1L 水 0.5g，连用 3~7 天。

休药期：复方阿莫西林粉，鸡的休药期为 7 天，产蛋期禁用。

2. 氨基糖苷类

氨基糖苷类为速效杀菌剂，对于静止期细菌也具有较强的抗菌作用，其杀菌作用具有浓度依赖性，且主要作用于革兰氏阴性细菌，对革兰氏阳性菌作用有限，对厌氧菌无效。此类药物为兽用处方药，包括：硫酸链霉素、硫酸双氢链霉素、硫酸卡那霉素、硫酸庆大霉素、硫酸安普霉素、硫酸新霉素、盐酸大观霉素等。各种药物的使用剂量应以说明书为依据。

3. 四环素类

四环素类为生物合成的广谱、快速抑菌的抗生素类药物。临床主要对多种革兰氏阳性菌、革兰氏阴性菌、立克次体、支原体、衣原体等均有抑制作用。本类药物属于兽用处方药，在高浓度下也具有杀菌作用。兽用处方药目录包含土霉素、盐酸土霉素、四环素、盐酸四环素、盐酸多西环素等相关制剂。

四环素、土霉素使用剂量：100~200mg/只，分早晚拌料服用。

多西环素使用剂量：10~20mg/kg 体重，一次性投服。

4. 大环内酯类

大环内酯类药物属于繁殖期速效抑菌剂，对需氧的革兰氏阳性球菌和杆菌具有强大的抗菌作用，但对大多数需氧的革兰氏阴性菌无效。其抗菌谱为葡萄球菌、链球菌、钩端螺旋体、肺炎支原体、立克次体和衣原体等。此类药物在兽医临床属于处方药物，包括红霉素、硫氰酸红霉素、泰乐菌素、酒石酸泰乐菌素、替米考星、酒石酸吉他霉素等。

红霉素：100mg/升混饮，连续使用3～5天。

泰乐菌素：500mg/升混饮，连续使用3～5天。

替米考星：200mg/升混饮，连续使用7～15天。

酒石酸吉他霉素：500mg/升，连用3～5天。

5. 酰胺醇类

酰胺醇类抗生素主要有氯霉素、甲砜霉素和氟苯尼考。目前，农业部允许用于兽用临床的有氟苯尼考和甲砜霉素，氯霉素已经在2002年4月中华人民共和国农业部第193号公告中被列入所有食品动物禁用兽药目录。

酰胺醇类抗生素属于广谱、速效抑菌药，对革兰氏阳性、阴性细菌均有抗菌作用，而对革兰氏阴性细菌的抗菌作用较强。其作用机制为：此类药物容易进入细菌细胞，通过与核蛋白体50S亚基可逆性结合，抑制肽酰基转移酶，从而抑制细菌蛋白质肽键的形成。临床主要用于治疗肺炎链球菌、化脓链球菌、绿色链球菌、脑膜炎球菌、支原体、立克次体和衣原体等病原体的感染。

氟苯尼考：每天每1kg体重蛋鸡用5～10mg，一次性投服。

甲砜霉素：静注给药剂量为每天每1kg体重用15mg；口服给药剂量为每天每1kg体重30mg。

6. 林可胺类

由链丝菌分离而得的一类碱性抗生素，为抑菌类抗生素。其抗菌谱与红霉素相似，对大多数革兰氏阳性菌和一些厌氧的革兰氏阴性菌有效，但对其他非厌氧的革兰氏阴性菌及肺炎支原体无效。主要有林可霉素、克林霉素等。

盐酸林可霉素：蛋鸡每1kg体重10～30mg，分早晚两次拌料喂服。

7. 截短侧耳素类

属双萜类化合物。截短侧耳素及其衍生物可在核糖体水平上抑制细菌蛋白质的合成，对许多革兰氏阳性菌及支原体感染有独特疗效。

延胡索酸泰妙菌素是由伞菌科北凤菌（Pleurotus mutilis）的培养液中提取的伯鲁罗母林（pleuromulin）的氢化延胡索盐。为双萜类半合成抗生素，为抑菌性抗生素，但很高浓度对敏感菌也有杀菌作用。对多种革兰氏阳性球菌，包括大多数葡萄球菌和链球菌（D组链球菌除外）及多种支原体和某些螺旋体有良好抗菌活性。但对某些阴性菌的抗菌活性很弱，而嗜血杆菌属及某些大肠杆菌和克雷伯氏菌菌株却除外。临床用于治疗鸡慢性呼吸道病、鸡葡萄球菌滑膜炎有效。使用剂量为每升水 125～250mg，连续饮水 3～5 天。

8. 多肽类

多肽类抗生素是一类具有多肽结构的化学物质，兽医临床和动物生产中常用的药物包括黏菌素、杆菌肽、维吉尼霉素和恩拉霉素。

（1）黏菌素 又称多黏菌素 E、抗敌素，属于窄谱杀菌剂，对革兰氏阴性杆菌的抗菌活性强，尤其是对铜绿假单胞菌有强大的抗菌作用。内服难吸收，常用于治疗禽大肠杆菌性肠炎腹泻。外用于铜绿假单胞菌引起的局部感染，作为饲料添加剂有促生长作用。与磺胺增效剂、杆菌肽锌等合用有协同作用。

内服，一次量，每 1kg 体重蛋鸡 3～8mg，每日 1～2 次，连用 3～5 天。混饮：每 1L 水，鸡 20～60mg，连用 5 天。混饲（促生长）：每 1 000kg 饲料，鸡 2～20g。

休药期：硫酸黏菌素片、硫酸黏菌素可溶性粉、硫酸黏菌素预混剂，鸡 7 天，蛋鸡产蛋期禁用。

（2）杆菌肽 属促生长的专用饲料添加剂。对金黄色葡萄球菌、链球菌、肠球菌等革兰氏阳性菌有强大的抗菌作用，对螺旋体、放线菌也有效，对革兰氏阴性杆菌无效。本品的锌盐用作饲料添加剂，兽医临床用于革兰氏阳性菌引起的皮肤、伤口感染，眼部感染等。本品注射对肾脏毒性较大，不宜注射给药，不适于全身治疗。欧盟从 1999 年开始禁用杆菌肽锌作为促生长添加剂使用。

混饲：每 1 000kg 饲料，禽 16 周龄以下 4 ~ 40g。

混饮：每 1L 水，鸡 50 ~ 100mg，连用 5 ~ 7 天（治疗用）；鸡 25mg（预防用）。

休药期：杆菌肽锌预混剂，蛋鸡产蛋期禁用；杆菌肽锌-硫酸黏菌素预混剂，7 天，蛋鸡产蛋期禁用。

（三）合成抗菌药

1. 磺胺类药

磺胺类药物为人工合成的防治全身感染的第一类抗菌药物，属于慢效抑菌剂，具有抗菌谱广、口服吸收快、有些药物品种具有可通过血脑屏障渗入脑脊液等特点，故在临床可以用于脑炎型大肠杆菌、沙门氏菌的治疗。尽管磺胺类药物对于广泛的革兰氏阳性菌、革兰氏阴性菌都有抑菌作用，但由于其使用已久，临床耐药菌株极为普遍；加之磺胺类药物对于蛋鸡产蛋具有明显的抑制作用，且属于产蛋期禁用药物，故现在鸡病临床应用较少。但临床常把磺胺氯吡嗪钠可溶性粉、磺胺喹噁啉钠可溶性粉用于雏鸡或育成鸡的球虫病、住白细胞原虫病治疗。

30% 磺胺氯吡嗪钠可溶性粉：每 1kg 水 1g 混饮，连续治疗 3 ~ 4 天。

磺胺喹噁啉钠：每 1kg 水 0.3 ~ 0.5g，连续饮水 3 ~ 4 天。或每吨饲料 125g 混饲，连续使用 3 ~ 4 天。

2. 喹诺酮类

为人工合成的抗菌药，可以通过抑制 DNA 回旋酶的活性导致细菌的染色体不可逆的损害，使细菌细胞不能再分裂而达到抑菌繁殖的目的。本类药物由于不受质粒传导耐药性的影响，与其他许多抗菌药物之间无交叉耐药性。本类产品具有抗菌谱广，口服吸收好、体内分布广、不良反应少等特点；是主要作用于革兰氏阴性菌（包括铜绿假单胞菌）的抗菌药物，某些品种对金黄色葡萄球菌也有较好的抗菌作用。常见的可用于兽用临床的品种有：氟哌酸、培氟沙星、达氟沙星、洛美沙星、二氟沙星、沙拉沙星、恩诺沙星、环丙沙星和氧氟沙星等。

氟哌酸：100mg/kg 混饲饲料或50mg/L 混饮，早晚各一半服用。

恩诺沙星：50～70mg/L，混饮，每天2次，连续使用3～4天。

环丙沙星：25～50mg/L，混饮，每天2次，连续治疗3～4天。

达氟沙星：25～50mg/L，混饮，每天1次，连续治疗3～4天。

三、主要抗病毒类药物

2005 年10 月28 日中华人民共和国农业部公告第560 号认为"金刚烷胺类等人用抗病毒药移植兽用，缺乏科学规范、安全有效实验数据，用于动物病毒性疫病不但给动物疫病控制带来不良后果，而且影响国家动物疫病防控政策的实施"。从此废止了金刚烷胺、金刚乙胺、阿昔洛韦、吗啉（双）胍（病毒灵）、利巴韦林等及其盐、酯及单、复方制剂在兽用临床的使用。鉴于此，兽医临床针对病毒性疾病的防制主要应通过严格的饲养管理和合理的疫苗免疫来达到防病抗病的目的。在日常鸡群的管理中，可以通过一些具有免疫促进作用的中药或中药方剂，来提高鸡群的免疫功能，尤其是呼吸道、胃肠道黏膜免疫功能，以达到提高机体防病抗病能力的目的。在鸡群感染病毒性疾病时，可以选择一些具有抗病毒作用的中药方剂进行必要的治疗，或者通过卵黄抗体、抗血清，或通过及时的强制免疫，来控制疫情的蔓延。

第三节　消毒防腐药

消毒防腐药：指具有杀灭病原微生物或抑制其生长繁殖的一类药物。杀灭或抑制作用无明显的抗菌谱。

消毒：指消除和杀灭物体表面或外环境中的病原微生物，但不一定能杀死细菌芽孢和非病原微生物的方法。用于消毒的化学药物称为消毒药，一般用于非生物表面消毒，如环境、鸡舍、动物排泄物、用具和器械等。有些消毒药低浓度时仅有抑菌作用。

防腐：指防止或抑制微生物生长繁殖的方法。用于防腐的药物称为防腐药。一般用于局部皮肤、黏膜和创伤等生物体表、食品及生物制品等的防腐。有些防腐药在高浓度时有杀菌作用。

鸡场常用消毒药物详见附录二。

第四节　抗寄生虫药

抗寄生虫药是指用于驱除和杀灭体内外寄生虫的药物。

一、概述

1. 分类

（1）抗蠕虫药　又称驱蠕虫药，包括驱线虫药、驱绦虫药和驱吸虫药。

（2）抗原虫药　包括抗球虫、抗锥虫、抗焦虫和抗滴虫药。

（3）杀虫药　分为杀昆虫和杀蜱螨药。

2. 使用注意事项

①正确认识和处理好药物、寄生虫、宿主三者间的关系，合理使用抗寄生虫药。

②大规模使用时，先选择少数动物（代表性动物，即不同年龄、性别、体况等）作驱虫试验，以免出现大规模中毒，尤其是本农场未用过的新型药物。

③避免产生耐药性，轮换给药。

④遵守残留限量和休药期的规定。

⑤注重环境保护，保证人体健康。

二、抗蠕虫药

抗蠕虫药是指能杀灭或驱除畜禽寄生虫的药物，又称驱虫药，分为驱线虫药、驱绦虫药、驱吸虫药三类。

（一）驱线虫药

1. 苯并咪唑类

主要有阿苯达唑、芬苯达唑、奥芬哒唑、非班太尔等。

（1）作用机理　均属细胞微管蛋白抑制剂，微管蛋白合成受到抑制后可继发引起抑制虫体葡萄糖的摄入和抑制延胡索酸还原酶的活性，干扰能量代谢。

（2）抗虫谱　对线虫的成虫、幼虫甚至部分对虫卵均有效，少部分对吸虫、绦虫也有效，如阿苯达唑和三氯苯达唑（仅对吸虫）等。

阿苯达唑

又名丙硫苯咪唑、丙硫咪唑，在水中不溶。对鸡四角赖利绦虫和棘盘赖利绦虫成虫有高效；对鸡蛔虫成虫驱虫率在90%左右；对鸡异次线虫、毛细线虫、钩状唇旋线虫驱虫效果极差。

用法与用量：内服，一次量，每千克体重蛋鸡用10~20mg。

休药期：鸡4天。

芬苯达唑

又名苯硫苯咪唑、硫苯咪唑，在水中不溶。对鸡绦虫、蛔虫和毛细线虫有高效，还可杀灭鸡蛔虫虫卵。

用法与用量：芬苯达唑片，以芬苯达唑计，内服，一次量，每千克体重蛋鸡用10~50mg。

芬苯达唑粉，以芬苯达唑计，内服，一次量，每千克体重蛋鸡用10~15mg。

芬苯达唑颗粒，以芬苯达唑计，内服，一次量，每千克体重蛋鸡用10~50mg。

休药期：蛋鸡的休药期为28天。

2. 咪唑并噻唑类

本品对禽主要消化道线虫和肺线虫有效，包括四咪唑（噻咪唑，为混旋体）和左旋咪唑，临床常用其左旋体——左旋咪唑。

左咪唑

又称为左旋咪唑。对多种动物的胃肠道线虫和肺线虫的成虫、幼虫均有高效。对未成熟虫体及幼虫驱除率较好。饮水给药对鸡眼虫（孟氏尖旋尾线虫）也很有效。用10%左旋咪唑溶液直接滴入鸡眼内无刺激，且在1h内能杀灭所有虫体。该药对动物还有免疫增强作用，能使发生免疫缺陷或免疫抑制的动物恢复其免疫功能，但其对正常机体的免疫机能作用却不显著。它能使老龄动物、慢性病动物的免疫功能低下状态恢复到正常，并能使巨噬细胞数增加，吞噬功能增强；虽无抗微生物作用，但可提高患病动物对细菌和病毒感染的抵抗力。一般应使用低剂量（1/4~1/3驱虫量），剂量过大会引起免疫抑制。

用法与用量：盐酸左旋咪唑片，内服：一次量，蛋鸡每千克体重，25mg。

盐酸左旋咪唑注射液，皮下注射、肌内注射：一次量，蛋鸡每千克体重，25mg。

注意事项：其引发的中毒症状（如，流涎、排粪以及由于平滑肌收缩而引起的呼吸困难等），与有机磷中毒相似（流涎、排粪、呼吸困难等），可用阿托品解救。

休药期：内服给药，禽类的休药期为 28 天。

3. 抗生素类

（1）阿维菌素类（AVMs） 属于半合成的大环内酯类的抗生素，是一类广谱驱线虫药，具有高效、安全和用量小的特点。主要有阿维菌素、伊维菌素、多拉菌素等。

对体内外寄生虫特别是线虫和节肢动物均有良好的驱杀作用，但对绦虫、吸虫及原生动物无效。但能使蜱减少产卵，使丝状线虫（雄、雌性）不育。

伊维菌素

对鸡蛔虫、封闭毛细线虫以及家禽寄生的节肢动物，如膝螨（突变膝螨）等，按 $200 \sim 300 \mu g/kg$ 量内服或皮下注射均有高效。但本品对异刺线虫无效。

（2）越霉素 A 主要用于驱除鸡蛔虫，还有广谱抑菌效应、促生长作用。对鸡蛔虫成虫具有明显驱虫作用，还能抑制虫体排卵，因此，多以本品制成预混剂，长期连续饲喂做预防性给药。

注意：蛋鸡产蛋期禁用。由于越霉素预混剂的规格众多，用时应以越霉素 A 的效价做计量单位。

用法用量：混饲，每 1 000kg 饲料，鸡 5 ~ 10g。

休药期：鸡的休药期为 3 天。

（3）潮霉素 B 对鸡蛔虫、鸡异刺线虫和禽封闭毛细线虫均有良好的控制效应。

注意：用药期间，禁止应用具有耳毒性药物，如氨基糖苷类、红霉素等。禽的饲料用药浓度以不超过 12mg/kg 为宜，本品多以预混剂剂型上市，用时应以潮霉素 B 效价做计量单位。

4. 其他

哌嗪

我国兽药典收藏的为枸橼酸哌嗪和磷酸哌嗪。哌嗪的各种盐类（性质比哌嗪更稳定）均属低毒、有效驱蛔虫药，哌嗪各种盐类的驱虫作用，取决于制剂中哌嗪基质，国际上通常均以哌嗪水合物相等值表示，即100mg哌嗪水合物相当于125mg枸橼酸哌嗪或104mg磷酸哌嗪。枸橼酸哌嗪和磷酸哌嗪按每只成年鸡0.3g剂量，混于饲料中连用3天，对鸡蛔虫驱除率极佳，但对鸡异刺线虫效果较差。

注意：由于未成熟虫体对哌嗪没有成虫那样敏感，通常应重复用药，间隔用药时间，禽为10～14天。哌嗪的各种盐给动物饮水或混饲给药时，须在8～12h内用完，还应该禁食（饮）一夜。

用法用量：枸橼酸哌嗪，内服：一次量，每千克体重蛋鸡用0.25g。磷酸哌嗪，内服：一次量，每千克体重蛋鸡用0.2～0.5g。

休药期：禽类的休药期为14天。

（二）驱绦虫药

常用的药物主要有吡喹酮、氯硝柳胺、硫双二氯酚、国外新上市的伊喹酮（Epsiprantel）等。苯并咪唑类也兼有抗绦虫的作用。

吡喹酮

广谱抗绦虫和抗血吸虫药。在水中不溶。内服后迅速由消化道吸收，在体内广泛分布于各组织器官，对寄生于宿主各器官（肌肉、脑、腹膜腔、胆管、小肠）内的绦虫幼虫和成虫均有杀灭作用。对鸡有轮赖利绦虫、漏斗带绦虫和节片戴文绦虫驱虫率接近100%。

用法与用量：吡喹酮片，内服，一次量，每千克体重蛋鸡用

10～20mg。

休药期：28 天。

氯硝柳胺

又名灭绦灵，是传统的抗绦虫药，具有驱虫范围广、效果确实、毒性低和使用安全等优点。

用法与用量：内服，一次量，每 1kg 体重蛋鸡用 50～60mg。动物在给药前，应禁食一夜。

硫双二氯酚

广谱驱虫药，对鸡有轮赖利绦虫、四角赖利绦虫、漏斗带绦虫、致疡棘壳绦虫有明显驱虫效应。

用法与用量：内服，1 次／天，每千克体重蛋鸡用 100～200mg，连用 2 天。

氢溴酸槟榔碱

氢溴酸槟榔碱对绦虫肌肉有较强的麻痹作用，使虫体失去攀附于肠壁的能力，加之药物对宿主的毒蕈碱样作用，使肠蠕动加强，消化腺体分泌增加，更有利于麻痹虫体的迅速排出。对鸡赖利绦虫具有较好驱除效果。与拟胆碱药物并用时能使药物毒性增强，但鸡对本品耐受性强。

用法用量：内服：一次量，每 1kg 体重蛋鸡用 3mg。

三、抗原虫药

（一）抗球虫药

球虫病严重危害着养殖业，尤其是雏鸡球虫病，不仅引起动物大批死亡，而且明显降低动物生产性能。目前，应用抗球虫药物是综合防治球虫感染的有效措施之一。

在养鸡生产实践中，广泛使用的抗球虫药大致分为两类：聚醚类离子载体抗生素、化学合成抗球虫药。

离子载体类、喹啉类、氯羟吡啶等对球虫子孢子、滋养体起作用。尼卡巴嗪、氨丙啉、常山酮、磺胺药等对后期阶段起作用。地克珠利对艾美耳球虫多数阶段起作用，但对巨型艾美耳球虫仅在有性生殖阶段起作用。其中，喹啉类能可逆性与子孢子线粒体内电子运输系统部分结合，阻断需要能量的反应。氨丙啉结构与硫胺类似，阻断虫体对硫胺的利用。离子载体类可提高细胞膜对钠、钾的通透性，使虫体消耗更多能量。氟嘌呤类干扰嘌呤补给途径。

1. 合理应用

（1）注意致病球虫虫种的差异　虽然临床出现的多为混合感染，但不同场的主要致病虫株并不完全相同，所以，导致用药后的抗球虫效果存在差异。氨丙啉对鸡柔嫩艾美耳球虫、毒害艾美耳球虫有高效，但对堆型艾美耳球虫、巨型艾美耳球虫、布氏艾美耳球虫无效。离子载体类对毒害艾美耳球虫、布氏艾美耳球虫作用最强，但对堆型艾美耳球虫、柔嫩艾美耳球虫、巨型艾美耳球虫作用有限。

（2）合理药物预防　大多数药物作用于球虫发育的早期阶段（无性生殖），因此必须在感染的前 4d 内用药，一旦出现血便等症状（球虫基本完成从无性生殖到有性生殖阶段）时，再用药为时已晚。

（3）合理选用不同作用峰期的药物　作用于第 1 代裂殖体药物：氯羟吡啶、离子载体类等可影响鸡产生免疫力，多用于肉鸡。作用于第 2 代裂殖体药物：磺胺、增效剂、尼卡巴嗪、托曲珠利等，不影响鸡产生免疫力，故可用于蛋鸡。

对免疫力的影响：莫能菌素（120mg/kg）、盐霉素（80mg/kg）、拉沙菌素（75mg/kg）能严重抑制免疫力的产生；莫能菌素（100mg/kg）、癸氧喹酯（30mg/kg）、氯羟吡啶（125mg/kg）能明显抑制免疫力；氟嘌呤（70mg/kg）、尼卡巴嗪（125mg/kg）、氨丙啉（125mg/kg）能轻度抑制免疫力；氯苯胍（33mg/

kg)、球痢灵（125mg/kg）、硝氯苯酰胺（250mg/kg）和磺胺类药对免疫力的产生无影响。

作用峰期在感染后第 1 ~ 2 天的药物，其抗球虫作用较弱，多做预防和早期治疗用药。而峰期在感染后第 3 ~ 4 天的药物，其抗球虫作用较强，多做治疗用药。常用作治疗性药物的有尼卡巴嗪、地克珠利、托曲珠利、磺胺氯吡嗪、磺胺喹噁啉、磺胺二甲嘧啶、二硝托胺等。

成年鸡很少表现球虫病症状，这是由于带虫免疫和年龄免疫所致，建立无球虫鸡群也不现实，而少量卵囊感染可产生一定的免疫力。

（4）为减少耐药性，可采取不同给药方案，轮换用药 季节性或定期地合理变换用药，即每隔 3 个月或半年，改换一种抗球虫药。或同一批鸡用同一种抗球虫药，待下一批鸡换用其他药物。但不能换用同一结构类型的抗球虫药，也不要换用作用峰期相同的药物。

穿梭用药：在同一个鸡饲养期内，换用两种或三种不同性质的抗球虫药，即开始时使用一种药物，至生长期时使用另一种药物，目的是避免耐药虫株的产生。

穿梭用药或轮换用药，一般先使用作用于第 1 代裂殖体的药物，再使用作用于第 2 代裂殖体的药物，可避免耐药性的产生，提高防治效果。

联合用药：在同一个鸡饲养期内，合用两种或两种以上的抗球虫药物。通过药物间的协同作用既可延缓耐药虫株的产生，又可增强药效和减少药量。

对生活周期长的鸡群，增强免疫力更为重要，广泛使用的方案是：一种抗球虫药低浓度饲喂 6 ~ 22 周后停药，目的是允许雏鸡轻度感染球虫，以提高自身免疫力。

（5）适当的给药方法 病鸡通常食欲减退，而饮欲正常，因而在治疗时提倡饮水给药。

（6）合理的剂量、充足的疗程 严格按推荐剂量，但要了解饲料中允许的药物添加品种，避免中毒。

（7）配伍禁忌、注意 离子载体类与泰妙菌素、竹桃霉素并用，会导致鸡只生长发育受阻，甚至中毒。

（8）遵守有关规定 严格遵守《动物性食品中兽药最高残留限量》的规定和关于休药期的规定。

2. 聚醚类离子载体抗生素

已经上市3种：单价聚醚类离子载体抗生素、单价糖苷聚醚类离子载体抗生素、双价聚醚类离子载体抗生素。本类药物主要对鸡艾美耳球虫的子孢子和第1代裂殖生殖阶段的初期虫体具有杀灭作用，但对裂殖生殖后期和配子生殖阶段虫体的作用极小，常用于鸡球虫病的预防。其耐药性通常发生在同类抗生素间，即单价聚醚类离子载体类抗球虫药间能发生交叉耐药，但改用单价糖苷、双价聚醚类离子载体抗生素仍有效。对鸡毒性小。

莫能菌素

又名瘤胃素，属单价聚醚类离子载体抗生素，常用其钠盐。对鸡柔嫩艾美耳球虫、堆型艾美耳球虫、布氏艾美耳球虫、毒害艾美耳球虫和巨型艾美耳球虫等均有较好作用。主要作用于早期（子孢子）阶段，峰期为感染后第2天，常添加于育成期蛋鸡料中，用于预防鸡球虫病。

用法与用量：混饲：每1 000kg饲料，鸡90～110g。

注意事项：不宜与其他抗球虫药并用，否则易使毒性增强。高剂量时（120mg/kg）对鸡球虫免疫力有明显抑制效应，对蛋鸡雏鸡则以低浓度（90～110mg/kg饲料浓度）或短期轮换给药为好。蛋鸡产蛋期禁用。由于泰妙菌素能明显影响莫能菌素的代谢（抑制聚醚类抗生素的代谢酶，引起蓄积），可导致雏鸡体重减轻，甚至中毒死亡。因此，在应用泰妙菌素前后7天内禁止使用莫能菌素。搅拌配料时，避免本药与皮肤、眼睛接触。

休药期：鸡5天。

盐霉素

又称为沙利霉素。属单价聚醚类离子载体抗生素，抗球虫效力与莫能菌素相似，对鸡柔嫩艾美耳球虫、堆型艾美耳球虫、布氏艾美耳球虫、毒害艾美耳球虫、巨型艾美耳球虫及和缓艾美耳球虫均有较好效果。对鸡球虫的子孢子以及第1代、第2代无性周期的子孢子、裂殖子均有明显作用。主要用于预防鸡球虫病。以病变、死亡率、增重率及饲料报酬作为判断标准时，其防治效果与莫能菌素和常山酮大致相等。

用法与用量：混饲，每1 000kg饲料，鸡60g。

注意事项：与莫能菌素相似。

休药期：鸡5天。蛋鸡产蛋期禁用。

拉沙洛西

又称拉沙菌素。属双价聚醚类离子载体抗生素，为广谱高效抗球虫药物，除对堆型艾美耳球虫作用稍差外，对鸡柔嫩艾美耳球虫、毒害艾美耳球虫、巨型艾美耳球虫、和缓艾美耳球虫的抗虫效应，甚至超过同类的莫能菌素和盐霉素。对鸡球虫的子孢子以及第1代、第2代无性周期的子孢子、裂殖子均有明显抑杀作用。另外，本药可与包括泰妙菌素在内的其他促生长剂并用，且增重效果优于单独给药。可用于鸡球虫病的防治。

用法与用量：混饲，每1 000kg饲料，鸡75～125g。

注意事项：本品在应用时，比莫能菌素、盐霉素安全。为获得最佳疗效，应根据球虫的感染严重程度及时调整用药浓度。拉沙洛西在75mg/kg料浓度时，能严重抑制宿主对球虫的免疫力产生，在应用过程中，停药易暴发更严重的球虫病。高剂量下能增加潮湿鸡舍中雏鸡的热应激反应，死亡率增高。有时能使机体内水分排泄明显增加，从而导致垫料潮湿。

休药期：5 天。

3. 三嗪类

地克珠利

属三嗪苯乙腈化合物，为新型、高效、低毒抗球虫药。对鸡柔嫩艾美耳球虫、堆型艾美耳球虫、毒害艾美耳球虫、布氏艾美耳球虫、巨型艾美耳球虫的抗虫作用极好，除能有效地控制盲肠球虫的发生和鸡的死亡外，也能使球虫病鸡的卵囊全部消失。对球虫的防治效果明显优于其他常用的非载体类抗球虫药和莫能菌素等离子载体抗球虫药。对氟嘌呤、氯羟吡啶、常山酮、氯苯胍、莫能菌素等药物耐药的柔嫩艾美耳球虫，应用地克珠利仍有效。

注意事项：较易产生耐药性，甚至与托曲珠利之间交叉耐药，连用不宜超过 6 个月，轮换用药不宜采用同类药物；半衰期短，停药 1d 后作用基本消失；水溶液不稳定，宜现用现配；由于混饲浓度低，必须充分混匀。

用法与用量：混饲，每 1 000kg 饲料，禽 1g（按原料药计）。混饮，每 1L 水，鸡 0.5 ~ 1mg（按原料药计）。

休药期：鸡 5 日。蛋鸡产蛋期禁用。

托曲珠利

又名甲苯三嗪酮，属三嗪酮类新型广谱抗球虫药。主要作用于球虫的裂殖生殖和配子生殖阶段。与地克珠利类似，具有杀球虫作用，安全范围大，不影响机体对球虫的免疫力，用于鸡球虫病的治疗。

注意事项与地克珠利相似。

用法与用量：混饮：每 1L 水，鸡 25mg，连用 2 天。

休药期：鸡 8 日。

4. 二硝基类

二硝托胺

又名球痢灵，是一种既有预防又有治疗效果的抗球虫药，主要作用于第一代裂殖体，同时，对卵囊的子孢子形成有抑杀作用。对毒害艾美耳球虫、柔嫩艾美耳球虫、布氏艾美耳球虫、巨型艾美耳球虫等均有良好的防治效果。特别是对对小肠致病性最强的毒害艾美耳球虫作用最佳，但对堆型艾美耳球虫作用稍差。

用法与用量：混饲，每 1 000kg 饲料，鸡 125g。

休药期：鸡 3d。产蛋期禁用。

尼卡巴嗪

作用于球虫第 2 代裂殖体，其作用峰期在感染后第 4 天，主要用于预防鸡柔嫩艾美耳球虫（盲肠球虫）、堆型艾美耳球虫、巨型艾美耳球虫、毒害艾美耳球虫、布氏艾美耳球虫（小肠球虫）等。

注意事项：主要作为鸡的预防用药，但当鸡群大量接触感染性卵囊而暴发球虫病时，应迅速改为其他治疗性用药，即疗效更强的其他药物（如托曲珠利、磺胺类药等）。能使蛋鸡的产蛋率、受精率以及鸡蛋的品质下降和棕色蛋壳色泽变浅，故禁用于产蛋鸡。对雏鸡有潜在的生长抑制效应，不宜用于 5 周龄以下幼鸡。有热应激反应，在天气炎热期间，当鸡舍通风不良或降温设备不全，室内温度超过 40℃时，能增加雏鸡死亡率。

用法与用量：尼卡巴嗪预混剂，以本品计，混饲：每 1 000kg 饲料，鸡 1 000g。

尼卡巴嗪乙氧酰胺苯甲酯预混剂，以本品计，混饲：每 1 000kg 饲料，鸡 500g。

休药期：尼卡巴嗪预混剂，鸡 4 天；尼卡巴嗪乙氧酰胺苯甲酯预混剂，鸡 9 天。

5. 磺胺类

磺胺喹噁啉

本品为磺胺类药物中专用于治疗球虫病的药物，对鸡堆型艾美耳球虫、巨型艾美耳球虫、布氏艾美耳球虫等作用最强，但对毒害艾美耳球虫、柔嫩艾美耳球虫的作用较弱，需要较大剂量才有效果。本品抗球虫活性作用峰期是第 2 代裂殖体（一般为球虫感染后的第 4 天），对第 1 代裂殖体也有一定作用。应用磺胺喹噁啉不会影响禽类对球虫的免疫力，由于同时具有较强的抗菌作用，能更好的加强对球虫病的治疗效果。临床上主要用于治疗鸡堆型艾美耳球虫、巨型艾美耳球虫、布氏艾美耳球虫感染，较高剂量使用对毒害艾美耳球虫、柔嫩艾美耳球虫感染也可取得较好的效果。本品常与氨丙啉或抗菌增效剂联合应用，可扩大抗球虫谱和增强抗球虫效果。

注意事项：本品对雏鸡有一定的毒性，较高给药剂量（如拌料浓度在 0.1% 以上）连用 5 天以上时，可引起与维生素 K 缺乏有关的出血与组织坏死现象。即使按推荐拌料浓度 125mg/kg 连续使用 8～10 天，也可导致鸡红细胞和淋巴细胞减少。因此，治疗鸡球虫病时，连续饲喂不得超过 5 天。本品宜与其他种类抗球虫药联合应用（如与氨丙啉和抗菌增效剂等）。本品禁用于产蛋鸡，否则会导致产蛋率下降、蛋壳变薄等。

用法与用量：磺胺喹噁啉二甲氧苄啶预混剂，混饲，1 000kg 饲料加本品 500g。

磺胺喹噁啉钠可溶性粉，混饮，1L 水加本品 3～5g。

复方磺胺喹噁啉钠可溶性粉，混饮，1L 水加本品 0.4g，连用 5～7 天。

休药期：鸡为 10 天，产蛋期禁用。

磺胺氯吡嗪

本品为磺胺类专用抗球虫药，多在球虫病暴发时作短期应用，其抗球虫的活性峰期是球虫第 2 代裂殖体，对第 1 代裂殖体也有一定作用。作用特点与磺胺喹噁啉相似，但本品具有更强的抗菌作用，可治疗禽霍乱及禽伤寒等，故本品多在球虫暴发时用于治疗。应用本品不影响宿主对球虫的免疫力。

注意事项：本品毒性较磺胺喹噁啉低，但长期应用仍可出现磺胺药中毒症状。球虫对本品已产生较严重耐药性。在临床上一旦出现疗效不佳时，应及时更换其他类药物。产蛋鸡及 16 周以上鸡群禁用。

用法与用量：磺胺氯吡嗪钠可溶性粉　混饮：加入鸡饮水中，每 1L 饮水加本品 1g，连用 3 日。

磺胺二甲嘧啶

与磺胺喹噁啉相同，对鸡小肠球虫比盲肠球虫更为有效，当控制盲肠球虫时，必须应用较高药物浓度。磺胺二甲嘧啶不影响宿主对球虫的免疫力，且有一定的抗菌活性，更适用于球虫的并发感染症。

注意事项：磺胺二甲嘧啶经长期连续饲喂时，能引起严重的毒性反应，若以 0.5% 拌料浓度连喂 8 天，则可引起雏鸡的脾脏出血性梗死和肿胀；按 1% 拌料浓度连喂 3 天，除明显影响增重外，可阻碍肠道对维生素 K 的合成，而使血凝时间延长甚至出现出血性病变。因此，本品宜采用间歇式投药法。产蛋鸡禁用。

休药期：鸡为 10 天。

6. 喹啉类

癸氧喹酯

属喹啉类抗球虫药，具有阻碍球虫子孢子的发育作用，作用峰期为感染后的第 1 天。球虫对癸氧喹酯易产生耐药性，应定期轮换用药。用于预防由变位艾美耳球虫、柔嫩艾美耳球虫、巨型艾美耳球虫、堆型艾美耳球虫、布氏艾美耳球虫和毒害艾美耳球虫等引起的鸡球虫病。

用法与用量：以本品计，混饲，每 1 000kg 饲料，禽 453g，连用 7~14 天。

注意事项：不能用于含皂土的饲料中。本品适宜制成直径为

1.8μm 左右的微粒使用。

休药期：鸡为 5 天。产蛋期禁用。

7. 其他类抗球虫药

氨丙啉

作用于第 1 代裂殖体，对球虫有性生殖阶段和孢子形成的卵囊也有抑杀作用。对机体球虫免疫力的抑制作用不明显。本品对鸡柔嫩艾美耳球虫、堆型艾美耳球虫作用最强，对毒害艾美耳球虫、布氏艾美耳球虫、巨型艾美耳球虫、和缓艾美耳球虫的作用较差。临床上多与乙氧酰胺苯甲酯、磺胺喹噁啉等抗球虫药联合应用，以增强疗效。

注意事项：本品性质虽稳定，可与多种维生素、矿物质、抗菌药物等混合，但在仔鸡饲料中仍发生缓慢分解。在室温下贮藏60 天的平均失效率为 8%。应以现配现用为宜。氨丙啉与硫胺能产生竞争性拮抗作用，当氨丙啉用药浓度过高，能引起雏鸡的硫胺缺乏而表现多发性神经炎，补充硫胺虽可使鸡群恢复，但可明显影响氨丙啉的抗球虫活性。产蛋鸡禁用。

用法与用量：盐酸氨丙啉乙氧酰胺苯甲酯预混剂　混饲：每1 000kg 饲料加入本品 500g。

盐酸氨丙啉可溶性粉　混饮：每 1L 饮水加入本品 1.2g，连用 5~7 日。

复方盐酸氨丙啉可溶性粉　混饮：每 1L 饮水加入本品 0.5g。治疗时连用 3 日，停 2~3 日，再用 2~3 日；预防时，可连用 2~4 天。

休药期：盐酸氨丙啉乙氧酰胺苯甲酯预混剂，鸡为 3 天；复方盐酸氨丙啉可溶性粉，鸡为 7 天。产蛋期禁用。

氯羟吡啶

抗虫谱较广，对鸡柔嫩艾美耳球虫、毒害艾美耳球虫、巨型艾美耳球虫、堆型艾美耳球虫、和缓艾美耳球虫和早熟艾美耳球虫均有良好治疗效果。在临床上对离子载体产生耐药性的球虫，换用氯羟吡啶后效果仍佳。

注意事项：由于本品对球虫仅有抑制发育作用，并对球虫免疫力产生有明显抑制效应，因此，必须连续应用而不能间断停用。由于本品的化学结构与喹诺啉抗球虫药，如，丁氧喹酯、癸氧喹酯和苄氧喹酯类似，有可能存在交叉耐药性。因此，鸡场一旦发生球虫对氯羟吡啶耐药，除立即停止应用外，也不能换用喹诺啉类抗球虫药。产蛋鸡禁用。

用法与用量：氯羟吡啶预混剂，混饲，每1 000kg饲料加入本品500g。

复方氯羟吡啶预混剂，混饲，每1 000kg饲料加入本品500g。

休药期：氯羟吡啶预混剂，鸡为5天。复方氯羟吡啶预混剂，鸡为7天。蛋鸡产蛋期禁用。

氢溴酸常山酮

常山酮为较新型的广谱抗球虫药。具有用量小，无交叉耐药性等优点。本品对球虫子孢子、第1代裂殖体和第2代裂殖体均有明显抑杀作用，使肠道早期病变不继续发展并保持正常吸收机能，因此，对动物增重有利。对多种球虫均有良好的抑杀作用，尤其是对柔嫩艾美耳球虫、毒害艾美耳球虫、巨型艾美耳球虫特别敏感（甚至在1~2mg/kg拌料浓度即可产生良好效果），但对堆型艾美耳球虫、布氏艾美耳球虫稍差，需用到3mg/kg以上拌料浓度，才能阻止其卵囊的排泄。

注意事项：其安全范围较窄，治疗浓度（3mg/kg）对鸡较安全；喂药鸡粪及装盛药容器切勿污染水源。本品在6mg/kg拌料浓度时可影响适口性，鸡采食量减小；在9mg/kg时，则多数鸡出现拒食现象。因此，药料必须充分拌匀，否则，影响药效。常山酮在国内已出现严重的球虫耐药现象。禁与其他抗球虫药并用；产蛋鸡禁用。

用法与用量：混饲，每 1 000kg 饲料加入本品 500g。

休药期：鸡为 5 天。

（二）抗滴虫药

组织滴虫多寄生于禽类盲肠和肝脏，引起盲肠肝炎（黑头病）。临床上抗滴虫药主要有硝基咪唑类、硝基呋喃类和四环素类药物等。硝基咪唑类主要有甲硝唑和地美硝唑两种，该类药物具有潜在的致突变和致畸作用，我国已禁止用于任何食品动物。硝基呋喃类药物包括呋喃唑酮（痢特灵）、呋喃西林、呋吗唑酮、呋喃妥因等，因有较强的致癌作用，在我国已列为禁用药物。作为抗滴虫使用的四环素类药物可参阅抗微生物药物部分。

四、杀虫药

主要是指对外寄生虫（螨、蜱、虱、蚤、蝇、蚊等）有杀灭作用的药物，一般说来，所有杀虫药对动物机体都有一定的毒性，甚至在规定剂量范围内也会出现程度不等的不良反应，所以大群动物灭虫前做好预试。杀虫药对虫卵一般无效，所以必须间隔一段时间重复用药。

杀虫药分有机磷类、有机氯类、拟除虫菊酯类和大环内酯类。

1. 有机磷化合物

蛋鸡对大多数药物如敌百虫、敌敌畏、二嗪农较敏感，故应慎用或不用。

2. 有机氯化合物

林丹和杀虫脒均禁用于食品动物，在所有食品动物的组织中不得检出。

3. 拟除虫菊酯类化合物

含除虫菊酯，具有广谱、高效、速效、残留期短、低毒等特点。

氰戊菊酯

对鸡的外寄生虫及吸血昆虫（蚊、蝇、虱、蜱、螨等）有良好的杀灭作用。杀虫效力强，效果确切，以触杀为主，兼有胃毒和驱避作用，无内吸和熏蒸作用，中等毒性。

用法用量：药浴、喷淋：每 1L 水中要依据不同寄生虫病加不同的药量：鸡螨 80～200mg；鸡虱及刺皮螨 40～50mg，蚊、蝇 40～50mg；喷雾：稀释成 0.2% 浓度，鸡舍按 3～5ml/m²，喷雾后，密闭 4h，杀灭鸡羽虱、蚊、蝇、蠓等害虫。

休药期：鸡为 28 天。

二氯苯醚菊酯

又称苄氯菊酯，除虫精。为广谱高效杀虫药，对虱、蚊、蜱、螨、蝇、虻等外界寄生虫及蟑螂、农业害虫都有杀灭作用；速效、无残毒、无污染，残效期长。兼具触杀和胃毒作用，击倒作用强，杀虫速度快。

用法用量：喷淋、喷雾：稀释成 0.125%～0.5% 溶液杀灭禽螨；0.1% 溶液杀灭虫体虱、蚊、蝇。

4. 其他杀虫剂

环丙氨嗪

又称灭蝇胺。属于 1，3，5-三嗪类昆虫生长调节剂，主要抑制甲壳素的合成和二氢叶酸还原酶，对双翅目幼虫有特殊活性，有内吸传导作用，诱使双翅目幼虫和蛹在形态上发生畸变，成虫羽化不全或受抑制。一般用药后 6～12h 发挥药效，可持续 1～3 周。用于控制集约化养殖场几乎所有蝇类，包括家蝇、黄腹厕蝇、光亮扁角水虻和厩螫蝇，并可控制跳蚤，还可明显降低鸡舍内氨气含量，明显改善鸡舍环境。用于控制种鸡、蛋鸡舍内蝇蛆的生长繁殖，杀灭粪池内蝇蛆。

注意事项：饲料中添加浓度达 25mg/kg 时，可使饲料消耗量增加，达 500mg/kg 以上可使饲料消耗减少，在 1 000mg/kg 以上长期饲喂，可能因摄食过少而死亡。以饲喂本品的鸡粪施肥时，以每公顷 1~2 吨为宜，若超过 9 吨以上可能对植物生长不利。

用法用量：环丙氨嗪预混剂　混饲：每 1 000kg 饲料加入本品 5g，连用 4~6 周。

环丙氨嗪可溶性粉　喷洒：每 20m², 10g 本品加水 15L；喷雾：每 20m², 10g 本品加水 5L。

环丙氨嗪可溶性颗粒　干撒：每 10m² 加入本品 5g；洒水：每 10m², 2.5g 本品加水 10L；喷雾：每 10m², 5g 本品加水1~4L。

休药期：鸡为 3 日。

第五节　维生素类药及矿物质类药物

一、维生素

维生素又名维他命，通俗来讲，即维持生命的元素，是维持机体生命活动必需的一类有机物质，在禽生长、代谢、发育过程中发挥着重要的作用。机体对维生素的需要量很小，日需要量常以毫克（mg）或微克（μg）计算，一旦缺乏就会引发相应的维生素缺乏症，对机体健康造成损害。

维生素分为脂溶性维生素和水溶性维生素两类。前者包括维生素 A、维生素 D、维生素 E、维生素 K 等；后者是指能在水中溶解的一类有机营养分子，主要包括 B 族维生素和维生素 C 等。

（一）脂溶性维生素

1. 维生素 A

维生素 A 又称视黄醇或抗干眼醇，在自然界中主要以脂肪酸酯的形式存在，常见的是维生素 A 乙酸酯和维生素 A 棕榈酸酯。维生素 A 主要存在于动物肝脏中；植物内不含维生素 A，只含维生素 A 原（类胡萝卜素）。

作用与用途：参与视紫红质合成，维持视网膜感官功能；保护上皮组织（皮肤和黏膜）的健全与完整、促进黏膜和皮肤的发育与再生、促进结缔组织中黏多糖的合成、维护细胞膜和细胞器膜（线粒体、溶酶体）结构的完整等功能；促进动物生长发育；促进类固醇的合成。

注意：维生素 A 不易从体内迅速排出，摄入量超过正常量的 50～500 倍时出现维生素 A 过多症，鸡表现精神沉郁，采食量下降，甚至完全拒食。中毒时，一般停药 1～2 周，中毒症状可逐渐缓解和消失。维生素 A 和胡萝卜素在光热条件下极易被氧化，当饲料贮存较久时，会逐渐被破坏。

用法与用量：维生素 AD 油　内服：一次量，鸡 1～2ml。鱼肝油　内服：一次量，鸡 1～2ml。以维生素 A 计，内服，一次量，雏鸡与育成鸡日粮维生素 A 的含量应为 1 500IU/kg，产蛋鸡、种鸡为 4 000IU /kg。病鸡治疗剂量可按正常需要量的 3～4 倍混料喂，连喂约 2 周后再恢复正常。或每千克饲料 5 000IU，疗程为 1 个月。

2. 维生素 D

本品常见型为维生素 D_2（麦角骨化醇）和维生素 D_3（胆骨化醇），其作用包括：促进钙、磷吸收；调节肾脏对钙、磷的排泄；控制骨髓中钙与磷的贮存和血液中钙、磷的浓度等，帮助骨骼正常钙化。

注意：长期大剂量使用，可使骨脱钙变脆，并易于变形和发生骨折，因维生素 D 代谢缓慢，中毒常呈慢性过程，表现食欲不振和腹泻。应用维生素 D 同时应给动物补充钙剂。

用法与用量：维生素 AD 油　内服：一次量，鸡 1～2ml。鱼肝油　内服：一次量，鸡 1～2ml。维生素 D_2 胶性钙，皮下注射或肌内注射，一次量，禽 1.5 万 IU。

3. 维生素 E

又称生育酚，是一种抗氧化剂，防止体内不饱和脂肪酸氧化，维持细胞膜的完整及功能；促进性激素分泌，调节性腺发育，提高产蛋率；与硒有协同作用，防治鸡白肌病，雏鸡脑软化、渗出性素质。高剂量维生素 E 能促进免疫球蛋白的生成，提高抗病力，增强抗应激作用。

注意：蛋鸡对维生素 E 的需求量取决于日粮成分，尤其是日粮中硒和不饱和脂肪酸水平以及其他抗氧化剂的存在与否。饲料中不饱和脂肪酸含量越高，动物对维生素 E 的需要量越大。饲料中矿物质、糖的含量变化，其他维生素（如胆碱）的缺乏，均可加重维生素 E 的缺乏症。日粮中高浓度维生素 E 可诱导雏鸡生长，并可加重因钙、磷缺乏引起的骨钙化不全。高剂量维生素 E 可诱导雏鸡的凝血障碍。

用法用量：内服，一次量，鸡为 5～10mg。亚硒酸钠维生素 E 预混剂，混饲：每 1 000kg 饲料中加入本品 500～1 000g。

4. 维生素 K

维生素 K 也称为凝血维生素（抗出血维生素），是维持血液正常凝固所必需的物质。天然维生素 K 为脂溶性，分为来自植物的维生素 K_1 和来自动物的维生素 K_2 两种；水溶性的维生素 K_3 和维生素 K_4 均为人工合成品。主要用于治疗禽维生素 K 缺乏所引起的出血性疾病。预防雏鸡维生素 K 缺乏症。

用法与用量：鸡群出现维生素 K 缺乏症时，每千克饲料中添加维生素 K_3 10～20mg，饲喂一段时间即可使血液凝固恢复正常。个别病重鸡可用维生素 K_3 肌内注射治疗，每日每只雏鸡注射 1ml，连用 2 天即可恢复。

（二）水溶性维生素

水溶性维生素包括 B 族维生素和维生素 C 等。

1. 维生素 B_1

又名硫胺素。作用与用途：维持机体营养物质、能量代谢（参与糖代谢），防止神经萎缩，维持神经组织、心肌和胃肠道的正常功能（维持胃肠的正常蠕动、胃液分泌以及消化道对脂肪的吸收和发酵的功能），促进生长发育等。预防蛋鸡因缺乏维生素 B_1 导致的多发性神经炎。

注意：吡啶硫胺素、氨丙啉是维生素 B_1 的颉颃物，不宜配伍使用；本品对氨苄西林、氯唑西林、头孢菌素 I、头孢菌素 II、氯霉素、多黏菌素、制霉菌素等具有程度不同的灭活作用，故不宜混和注射。家禽对维生素 B_1 缺乏最敏感。

用法用量：混饲：每 1 000kg 饲料，正常补充量为 2～3g。每 1 000kg 饲料，雏鸡治疗量为 18g，连用 1～2 周。重症鸡肌内注射维生素 B_1，雏鸡每日 2 次，每次 1mg；成年鸡每次 5mg，连用数日，期间，多种维生素添加剂量可提高到每吨料 500g。

2. 维生素 B_2

又名核黄素。作用与用途：参与生物氧化过程中的递氢作用，因而与碳水化合物、蛋白质、核酸和脂肪的代谢密切相关；参与不饱和脂肪酸（如亚油酸、亚麻油酸和花生四烯酸）和还原型谷胱甘肽（GSH）的形成，保护生物膜免遭过氧化物破坏；参与机体维生素 C 的合成。

注意：鸡易出现维生素 B_2 缺乏。种鸡需要量较高。对氨苄西林、氯唑西林、头孢菌素 I、头孢菌素 II、氯霉素、多黏菌素、四环素、金霉素、红霉素、氨基糖苷类等均有程度不同的灭活作用，对制霉菌素可使其完全丧失抗真菌活力，故不宜混合注射。

用法用量：混饲：每 1 000kg 饲料加入本品 2～5g。对发病鸡群可用维生素 B_2 治疗，大群鸡可于每 1 000kg 饲料中添加 20g，连用 2 周，同时，适当增加饲料多种维生素添加量；对个别重症病例，可直接口服维生素 B_2，雏鸡用量每只鸡 $0.1 \sim 0.2mg$，育成鸡每只 $5 \sim 6mg$，产蛋鸡每只 $10mg$，连用 1 周，一般可收到良好效果。

3. 泛酸

又称为维生素 B_3。主要用于预防雏鸡因泛酸缺乏导致的皮炎，成年鸡的孵化率降低。

用法与用量：混饲：每 $1\,000kg$ 饲料加入泛酸钙 $6 \sim 15g$。

4. 维生素 B_6

是吡哆醇、吡哆醛、吡哆胺的总称，它们在生物体内可相互转化且都具有维生素 B_6 的活性。作用与用途：主要用于禽皮炎、周围神经炎的治疗；治疗泛酸缺乏症。

注意：雏鸡易产生泛酸缺乏症。饲料中蛋白质含量和能量高时，需求量增加。幼龄动物和服用某些磺胺药、抗生素的情况下，需求量增加。

用法与用量：每 $1\,000kg$ 饲料中加入 $10 \sim 20g$ 维生素 B_6，或每只成年鸡注射 $5 \sim 10mg$。

5. 维生素 B_{11}（叶酸）

又称蝶酰单谷氨酸。集约化舍饲的鸡，因缺少青绿饲料需补充叶酸。作用与用途：与维生素 B_{12} 和维生素 C 一起，参与维生素 C 和抗体的生成，促进免疫球蛋白的合成。

注意：长期饲喂广谱抗生素和磺胺类药物，可抑制合成叶酸的细菌生长，可能导致叶酸缺乏。肌内注射时，不宜与维生素 B_1、维生素 B_2、维生素 C 用同一支注射器注射；维生素 C 抑制叶酸在胃中的吸收，还会加速叶酸排出。大剂量口服，影响锌的吸收。营养性巨幼红细胞性贫血常合并缺铁，同时补铁较好。恶性贫血和维生素 B_{12} 缺乏的巨幼红细胞性贫血，不能单独用叶酸治疗，因为会加重维生素 B_{12} 的缺乏和神经系统症状。

用法与用量：内服或肌内注射，一次量，鸡 $0.1 \sim 0.2mg/kg$

体重。混饲：每 1 000kg 饲料中加入本品 10～20g。

6. 维生素 B$_{12}$

维生素 B$_{12}$ 因其分子中含有氰和大约 4.5% 的钴，又称作氰钴胺素或钴胺素，是唯一含有金属元素的维生素。植物中一般不含维生素 B$_{12}$。其可促进红细胞的发育和成熟，维持骨髓的正常造血机能。促进胆碱的生成。参与神经髓鞘磷脂合成，维持神经组织的正常结构与功能。

注意：动物饲料中 Co 的不足可影响消化道微生物合成维生素 B$_{12}$。磺胺类药物和抗生素可抑制微生物合成维生素 B$_{12}$。禽通常需要补充维生素 B$_{12}$。植物体内无维生素 B$_{12}$，而动物性饲料和微生物发酵饲料中含量丰富，是动物维生素 B$_{12}$ 的重要来源。

用法用量：每 1 000kg 饲料中，蛋鸡后备鸡 0.015～0.025g，蛋鸡产蛋期 0.01～0.02g，种母鸡产蛋期 0.02～0.04g。发病的鸡群，除了在每 1 000kg 饲料中添加 0.01g 维生素 B$_{12}$ 外，对个别病重鸡可每只肌内注射维生素 B$_{12}$ 2～4μg，每日 1 次，连续数日，可收到良好效果。

7. 烟酸

又称尼克酸。参与机体内的碳水化合物、脂肪和蛋白质等的物质代谢和能量代谢活动；参与体内肉毒碱的合成，影响大分子脂肪酰辅酶 A 进入线粒体进行氧化；促进铁的吸收和血细胞的形成；保持皮肤（保护皮肤中的胶原纤维）的正常功能和消化腺的分泌功能；提高中枢神经系统的兴奋性以及心血管系统、网状内皮系统和内分泌腺的功能。主要用于烟酸缺乏症。

用法与用量：混饲：雏鸡，每 1 000kg 饲料加入本品 15～30mg。

8. 生物素

又称维生素 H，或称辅酶 R，它是体内葡萄糖生成和脂肪酸生成所不可缺少的成分，参与碳水化合物、蛋白质、脂肪的代谢。主要用于生物素缺乏症。

用法与用量：混饲：鸡，每1 000kg饲料加入本品0.15 ~ 0.35g。

9. 胆碱

为B族维生素的一种，全部依赖饲料供给，是卵磷脂的重要组成成分，是维持细胞膜正常结构和功能的关键物质，具有加速禽增重、提高家禽产蛋率、增强体质和抗病力、节约饲料用粮等作用。能促进脂肪运出肝外，防止脂肪在肝、肾中积蓄，能预防脂肪肝，特别是在饲喂低蛋白高脂肪饲料易发生，为雏鸡生长必需。

用法与用量：内服：一次量，鸡0.1 ~ 0.2g。混饲：每1 000kg饲料加入本品1 000g。

10. 维生素C

又称抗坏血酸。作用与用途：用于维生素C缺乏症、中毒、贫血等的辅助治疗。各种应激（如高温、生理紧张、运输、饲料改变、疾病等）情况下，不仅动物合成维生素C能力下降，同时对维生素C需求量也增加。

注意：注射液中若含$NaHCO_3$，易与微量钙生成$CaCO_3$沉淀，不能与钙制剂混合注射。对氨苄西林、氯唑西林、头孢菌素Ⅰ和头孢菌素Ⅱ、四环素类、红霉素、竹桃霉素、新霉素、卡那霉素、链霉素、氯霉素、林可霉素和多黏菌素均有不同程度的灭活作用，所以，维生素C不宜与上述药物混合注射。水杨酸类能增加维生素C排泄。与肝素、华法林并用，可引起凝血酶原时间缩短。长期使用过高剂量可引起停药后坏血病。

用法与用量：混饲：每1 000kg饲料加入本品150 ~ 500g。

二、矿物元素

矿物元素的生理功能：参与组织的构成，如钙、磷、镁以其相应盐的形式存在，是骨骼的主要组成部分；作为酶的组成成分或激活剂参与体内物质代谢，如锌、锰、铜、硒、镁、氯；作为激素组成成分，如碘；以离子的形式维持体内电解质平衡和酸碱平衡，如 Na^+、K^+、Cl^- 等。

在动物体内含量高于 0.01%（包括 0.01%）的元素称为常量矿物元素，包括钙、磷、钠、钾、氯、镁、硫 7 种。在动物体内含量低于 0.01% 的元素称为微量矿物元素，包括铁、锌、锰、铜、钴、碘、硒、钼、氟、铬、硼 11 种。

蛋鸡生命活动所需的矿物质主要由外界供给，当供给不足时，不仅影响生长或生产，还引起动物体内代谢异常、生化指标变化和缺乏症。一般依靠饲料和饮水补充，蛋鸡物质代谢过程越强，生产效率越高，则机体对微量元素的需求量就越大。因此，在运输、转群、换料、产蛋高峰期、疾病等情况下，为满足机体生长代谢的要求，需要格外补充矿物元素，以保障鸡群的健康，降低发病率和死亡率、提高生产性能。

（一）常量元素

1. 钙（Ca）、磷（P）

钙和磷是组成骨组织的主要元素。动物对这两种元素需求量较大，一旦不足或比例不当，会直接影响鸡的正常生长、发育和生产水平。钙和磷的比例是影响钙吸收的重要因素。鸡钙与磷的比例为 2∶1。常用含钙的矿物质补充物主要有石粉、蛎粉、碳酸钙、蛋壳粉等，能同时补充钙和磷的有骨粉、磷酸氢钙、二磷酸钙、过磷酸钙等。

作用与用途

钙：促进骨骼钙化；维持神经肌肉的正常兴奋性；促进凝

血；降低毛细血管通透性等。主要用于治疗低血钙症、慢性钙缺乏（如骨软症、佝偻病等）、抗过敏和消炎等，也可用于硫酸镁注射过量的解毒剂。

磷：促进骨骼的正常生长；组成磷脂，维持细胞膜的正常结构和功能；参与体内能量代谢；维持体内电解质平衡等。参与蛋白质的合成，对鸡繁殖具有重要作用。

注意事项：补充过量，不利于鸡发育，阻碍其他微量元素和营养物质的吸收，还可能损伤肾脏，造成尿酸盐沉积，引发鸡痛风。

2. 镁（Mg）

镁是机体细胞内的主要阳离子，主要从小肠吸收，是体内多种细胞基本生化反应的必需物质。

作用与用途：参与维生素 C、磷、钠、钾等物质的代谢过程、帮助维护神经肌肉的正常机能。治疗镁缺乏症。

注意：内服时剂量不宜过大，大剂量镁盐，会产生泻下作用。当鸡饲料镁含量高于 0.6% 时，生产速度减慢、产蛋率下降和蛋壳变薄。

用法与用量：产蛋鸡，混饲：每 1 000 kg 饲料加入本品 0.4～0.6g。

3. 硫（S）

硫作为生物素的成分在脂类代谢中起重要作用；有助于鸡羽毛、爪等生长。防止啄羽癖的发生。

用法与用量：混饲：每 1 000kg 饲料加入本品 3～5g。

注意：过量会引起动物中毒。

（二）微量元素

1. 铜（Cu）

维护鸡正常的造血机能，维持骨的正常生长和发育；防治鸡的铜缺乏症。

注意事项：长期使用高剂量铜会导致动物体内肝脏铜含量的升高，超过一定水平时则会使大量的铜释放入血，引起溶血、黄疸甚至死亡。

用法与用量：硫酸铜，混饲，每 1 000kg 饲料加入本品20g。

2. 锌（Zn）

用于预防鸡皮炎，羽毛粗乱、脱落，蛋壳形成困难等。维护正常的繁殖机能、骨骼的生长。

用法与用量：硫酸锌，内服：0.05～0.1g/天。

注意：过量会影响蛋白质代谢和钙的吸收，还可引起铜缺乏症。

3. 锰（Mn）

锰是参与动物的生长、繁殖、骨骼的正常形成，保证蛋壳质量的重要元素。

用法与用量：硫酸锰，混饲：每 1 000kg 饲料，100～200g。

注意事项：锰过量可影响钙元素的吸收以及导致鸡中毒。

4. 硒（Se）

防治雏鸡渗出性素质、脑软化、胰损伤和肌萎缩等。

注意事项：硒毒性大，治疗量与中毒量很接近。过量易引起中毒。急性中毒可引起死亡；慢性中毒表现为生长阻滞、消瘦，脱毛，生产性能降低等。与维生素 E 合用，防治硒缺乏症效果好。

用法与用量：亚硒酸钠，混饲：每 1 000kg 饲料加入亚硒酸钠0.2～0.4g。

亚硒酸钠维生素 E 预混剂，混饲：每 1 000kg 饲料加入本品500～1 000g。

5. 碘（I）

碘能调节鸡生长发育、繁殖。用于防治碘缺乏症，如，蛋的孵化率降低、孵化时间延长。

用法与用量：蛋鸡碘化钾混饲：每1 000kg饲料，加入本品390～460mg。

碘酸钾混饲：蛋鸡每1 000kg饲料，加入本品510～590mg。

碘酸钙混饲：蛋鸡每1 000kg饲料，加入本品460～540mg。

注意：碘过量会引起产蛋率下降。

第六节　中兽药

中草药具有毒副作用小、无残留、耐药性低等特点，符合发展有机畜牧业的要求，同时，我国具有丰富的中药资源和使用中药防治疾病的悠久历史。现代中兽医研究结果表明，多种中药具有抗菌、抗病毒、抗真菌、提高机体免疫力等作用。一些中草药方剂在兽医临床实践的应用，不但对于保障动物产品安全具有重要的价值，而且在临床实践中常常起到意想不到的治疗效果。

中国兽药典中可用于鸡病临床的兽药方剂很多，在此仅简要介绍几种。

1. 双黄连口服液

由金银花、黄芩、连翘组成，具有辛凉解表，清热解毒功效。用量：每只鸡每天0.5～1ml。

2. 四味穿心莲散

由穿心莲、大青叶、辣蓼、葫芦茶组成，具有清热解毒、除湿化滞作用；主治泄痢、积滞。用量：每只鸡每天0.5～1.5g。

3. 四逆汤

由淡附片、干姜、炙甘草煎制而成。具有温中祛寒、回阳救逆作用；主治四肢厥冷、脉微欲绝、亡阳虚脱。用量：鸡0.5～1ml/kg体重。

4. 四黄止痢颗粒

由黄连、黄柏、大黄、黄芩、板蓝根、甘草组成。具有清热泻火、止痢作用；主治湿热止痢。用量：混饮 0.5~1g/L。

5. 白龙散

由白头翁、龙胆、黄连组成。具有清热燥湿、凉血止痢作用；主治溃疡性肠炎、溃疡性肠炎等。用量：每只鸡每天0.5~1.5g。

6. 白头翁散

由白头翁、黄连、黄柏、秦皮组成。具有清热解毒、凉血止痢功效；主治湿热泄泻、下痢脓血。用量：每只鸡每天0.5~1.5g。

7. 白矾散

由白矾、浙贝母、黄连、白芷、郁金、黄芩、大黄、葶苈子和甘草等组成。具有清热化痰、下气平喘功效；主治肺热咳喘。用量：每只鸡每天1~3g。

8. 扶正解毒散

板蓝根、黄芪、淫羊藿等组成。具有扶正祛邪、清热解毒功效；主治鸡传染性法氏囊炎。用量：每只鸡每天 0.5~1g。

9. 鸡球虫散

由青蒿、仙鹤草、何首乌、白头翁、肉桂等组成。具有抗球虫、止血作用；主治鸡球虫病。用量：鸡每千克饲料添加 10~20g。

10. 鸡痢灵散

由雄黄、藿香、白头翁、滑石、马尾连、马齿苋、诃子等组成。具有清热解毒、涩肠止痢；主治鸡白痢。用量：每只雏鸡每天 0.5g。

11. 板青颗粒

由板蓝根、大青叶组成。具有清热解毒、凉血的作用；主治风热感冒、咽喉肿痛。用量：每只鸡每天 0.5g。

12. 荆防败毒散

由荆芥、防风、羌活、独活、柴胡、前胡、枳壳、茯苓、桔

梗、川芎、甘草、薄荷等组成。具有辛温解毒、疏风祛湿；主治
风寒感冒、流感。用量：每只鸡每天 1~3g。

13. 健鸡散

由党参、黄芪、茯苓、六神曲、麦芽、甘草、炒山楂等组
成。具有益气健脾、消食开胃的功效。用量：每千克饲料添
加 20g。

14. 黄连解毒散

由黄连、黄芩、黄柏、栀子等组成。具有泻火解毒作用；主
治三焦实热、疮黄肿毒。用量：每只鸡每天 1~2g。

15. 银翘散

由金银花、连翘、薄荷、荆芥、淡豆豉、牛蒡子、桔梗、淡
竹叶、甘草、芦根等组成。具有辛凉解表、清热解毒功效；主治
风热感冒、咽喉肿痛等。用量：每只鸡每天 1~3g。

16. 麻杏石甘散

由麻黄、苦杏仁、石膏、甘草等组成。具有清热、宣肺、平
喘作用；主治肺热咳喘。用量：每只鸡每天 1~3g。

17. 清肺止咳散

桑白皮、知母、苦杏仁、前胡、金银花、连翘、桔梗、甘
草、橘红、黄芩等组成。具有清泻肺热、化痰止痛的功效；主治
肺热咳喘、咽喉肿痛。用量：每只鸡每天 1~3g。

18. 麻黄鱼腥草散

由麻黄、黄芩、鱼腥草、穿心莲、板蓝根等组成。具有宣肺
泄热、平喘止咳功效；主治肺热咳喘、鸡支原体病。用量：每只
鸡每天 1~1.5g。

19. 蛋鸡宝

由党参、黄芪、茯苓、白术、麦芽、山楂、六神曲、菟丝
子、蛇床子、淫羊藿等组成。具有益气健脾，补肾壮阳的功效；
可用于提高产蛋率，延长产蛋高峰期。用量：1kg 饲料添加 20g。

20. 喉炎净散

由人工牛黄、胆膏、甘草、青黛、玄明粉、冰片、雄黄组成。具有清热解毒、通利咽喉功效；用于治疗喉气管炎。用量：0.05~0.15g/kg体重。

21. 雏痢净

由白头翁、黄连、黄柏、马齿苋、乌梅、诃子、木香、苍术、苦参等组成。具有清热解毒、涩肠止泻等功效；主治鸡白痢。用量：0.3~0.5g/kg体重。

22. 镇喘散

由香附、黄连、干姜、桔梗、山豆根、皂角、甘草、人工牛黄、蟾酥、雄黄、明矾组成。具有清热解毒、止咳平喘、通利咽喉功效；主治鸡的慢性呼吸道、喉气管炎。用量：0.5~1.5g/kg体重。

23. 藿香正气口服液

由苍术、陈皮、姜厚朴、白芷、茯苓、生半夏、大腹皮、甘草浸膏、广藿香油、紫苏叶油等组成。具有解表祛暑、化湿和中功效；用于治疗外感风寒、内伤湿滞、夏伤暑湿、胃肠型感冒。用量：1L水添加2ml。

24. 苦参苍术口服液

由苍术、苦参组成。具有清热、燥湿、止痢功效；主治鸡大肠杆菌病。用量：1L水1ml，连续饮用3~5天。

第七节 生物治疗制剂

一、卵黄抗体

卵黄抗体是将免疫原按照一定的免疫程序免疫家禽，家禽所产的蛋中含有特定抗体，去除蛋白，收获卵黄，加入灭菌PBS

或生理盐水，搅拌均匀即为粗制的卵黄抗体。如果提取其 IgY，即为精致卵黄抗体。在蛋鸡疾病防治实践中，用卵黄抗体治疗传染性法氏囊病可以获得满意的治疗效果。

二、抗血清

感染后康复动物或使用疫苗免疫过的动物，体内产生特异性抗体，采集此类动物血液，分离血清，即为抗血清，也称高免血清。该血清抗体具有很高的特异性，可用于治疗急性感染，甚至用于疾病流行期间受威胁群体的紧急预防。这种免疫预防属于被动免疫。与疫苗接种后产生的主动免疫相比，动物注射高免血清，免疫力产生迅速，但持续时间短，需要多次注射。制备预防某种动物疾病的高免血清，一般使用本动物，在少数情况下也可使用异源动物（如马属动物等）制备针对鸡病的高免血清，但注射异种动物血清容易产生过敏反应。用于制备血清的动物必须是健康的动物。

为防止细菌的污染，在制备血清中通常加入青霉素和链霉素（通常称为双抗）。如果使用血清动物发生过敏，可肌内注射肾上腺素，消除过敏。高免血清不能在不同养殖场之间作为商品流通。使用高免血清仅仅是突发疾病时采取的权宜之计，不宜长期使用。正确的做法是迅速诊断疾病，使用相应的疫苗免疫，建立持久稳定的群体免疫力。

三、抗菌肽

抗菌肽是机体防御系统的重要组成部分，是经诱导产生的一种具有广泛生物活性的小分子多肽，由 20~60 个氨基酸组成，耐强酸、热稳定性好，有的还耐受蛋白酶的破坏。抗菌肽不是通过抑制大分子合成来发挥作用，仅作用于原核生物和病变的真核细胞，不易产生耐药性。防御素是众多抗菌肽中的一种。用化学方法和基因工程表达的方式可获得抗菌肽，但化学合成的成本高，基因工程生产抗菌肽的产量较低。尽管如此，目前还是有少量的抗菌肽制剂或者调控抗菌肽基因表达的饲料添加剂投入临床应用。

四、细胞因子

细胞因子是机体受到刺激后，免疫细胞和非免疫细胞分泌产生的一类能够调节细胞生理功能的多肽分子。淋巴细胞产生的细胞因子包含白细胞介素、干扰素、集落刺激因子、转化生长因子。细胞因子是双刃剑，在正常情况下，细胞因子的产生受到严格的调控，分别在抗感染、治疗肿瘤和自身免疫疾病等方面发挥作用。在病理条件下，细胞因子表达异常，主要是细胞表达过高或缺陷，其受体水平增加等，有时会促进炎症反应（如 IL-1、IL-6、IL-8 和 TNF-α 等）。

（一）干扰素

干扰素是由病毒或其他诱生剂刺激机体的多种细胞产生的一类具有多种生物活性的糖蛋白，自细胞释放后可促使其他细胞抵抗病毒的感染；同时，还可以增强自然杀伤细胞、巨噬细胞和 T 细胞的活力，起到免疫调节作用。

干扰素共有 3 类，即 α-干扰素、β-干扰素、γ-干扰素，其中，α-干扰素由单核细胞产生，β-干扰素由纤维母细胞产生，两者的功能相似；γ-干扰素是由抗原刺激 T 细胞产生。干扰素通过旁分泌或自分泌的形式，被临近未感染细胞表面的 α-干扰素受体识别，并经 JAK/STAT 信号转导通路启动一系列干扰素刺激基因的表达，后者抑制病毒基因组复制或抑制病毒蛋白的合成，达到抑制病毒繁殖的目的。干扰素的抗病毒作用具有明显的宿主效应。可刺激机体产生干扰素的因子有聚肌胞（PolyI：C）、聚肌胞、DNA 病毒、RNA 病毒（如新城疫病毒Ⅳ系）等。在临床上适量接种免疫原，可能刺激机体产生干扰素。另外，一些中药组方也可以诱导机体产生干扰素。

目前，商品化的干扰素有重组禽类的干扰素。在抗鸡新城疫病毒、传染性法氏囊病毒、传染性喉气管炎病毒等方面具有良好的抑制作用。这类生物制剂作用主要是抗病毒和提高机体免疫力。限制干扰素在临床上广泛应用的因素是大规模生产受限而导致的产量低、在体内的半衰期短和稳定性差等。

（二）白细胞介素

早期由于该类细胞因子能介导白细胞之间的相互作用而得名，并以阿拉伯数字排列，如 IL-1、IL-2、IL-3 等。目前，已经发现有 15 种，不同的白细胞介素的功能有所不同，如 IL-1参与 T 细胞和 B 细胞增殖与分化，参与炎症反应；IL-2 也促进T 细胞和 B 细胞增殖与分化，增强 NK 细胞和单核细胞杀伤活性；IL-6 促进 B 细胞分化，刺激造血干细胞，参与炎症；IL-12诱导细胞免疫等。在兽医领域 IL-12 作为新型免疫佐剂，能增强 DNA 疫苗等新型疫苗的效果，但尚未获得批准用于商业化疫苗生产。

第八节　微生态制剂

一、微生态制剂概述

1. 概念

微生态制剂是指能改善宿主肠道微生态平衡，提高机体健康水平和免疫力的活菌制剂或活菌代谢产物。早期微生态制剂仅指活菌，又名益生菌、益生素。目前，微生态制剂包括益生菌、益生元和合生元。

我国农业部 2003 年公布允许使用的微生态制剂菌种为 15种，分别是地衣芽孢杆菌、枯草芽孢杆菌、双歧杆菌、粪肠球菌、屎肠球菌、乳酸肠球菌、嗜酸乳杆菌、干酪乳杆菌、乳酸杆菌、植物乳杆菌、乳酸片球菌、戊糖片球菌、产朊假丝酵母、酿酒酵母、沼泽红假单胞菌。实际应用和开发的菌种有乳酸菌类、真菌及酵母菌类、芽孢杆菌、光合细菌等。

2. 作用与用途

无病源性、无毒副作用、无耐药性和无药物残留。在饲料中添加，可以促进肠道内有益微生物的生长，抑制有害微生物的生长繁殖，从而调整、维持胃肠道内的微生态平衡，达到防止疾病发生、促进生长的目的。同时，这些微生物还可产生促生长因子、多种消化酶等，从而促进营养物质的消化、吸收，促进动物生长。此外，这些微生物还能产生免疫调节因子、干扰素等免疫活性物质，刺激肠道局部免疫器官的生长发育，增强机体的免疫力，防止疾病的发生。

二、微生态制剂应用

1. 益生元

是指一些不能被宿主胃肠道消化、能选择性刺激某种肠道内常驻益生菌或从体外摄入的益生菌生长和繁殖的非消化性物质。它可被益生菌群产生的益生元酶系分解利用，从而促进益生菌群的生长，分解产生的酸性物质可以降低肠道的 pH 值，抑制有害菌的生长。益生元作为饲料添加剂可以提高畜禽生长速度，改善饲料利用率，防治腹泻等疾病。常见的益生元有功能性低聚糖、酶制剂、酸化剂、中草药添加剂、特异性免疫增强剂（疫苗）、氨基酸、未知因子等。

2. 合生元

是益生菌与益生元的混合制剂。合生元可同时发挥益生菌和益生元的作用，并表现出协同性。合生元通过促进外源活菌在动物肠道内定植，选择性刺激一种或几种有益菌的生长和繁殖，及早建立肠道有益菌群，调节消化道微生态平衡，从而促进机体健康。

3. 乳酶生

又称表飞鸣。本品为活性乳酸杆菌的干燥制剂，能分解糖类生成乳酸，使肠道酸度提高，抑制病原微生物繁殖。

用法与用量：内服：一次量，鸡 0.5~1g。

注意事项：不适宜与抗菌药物、吸附药、收敛药等合用，以免减效。

第九节　灭鼠药

鼠类对养鸡危害很大，是鸡疫病的传染源、传播因素；偷吃饲料，增加养鸡的成本；惊吓鸡群，造成创伤和内脏伤害，导致皮肤感染或内脏破裂而急性死亡；影响雏鸡、青年鸡生长发育，导致蛋鸡产蛋率下降。总之，鼠类严重影响鸡场安全和经济效益。鸡舍内不可用天敌灭鼠，器械灭鼠效果不佳。鸡场用药灭鼠，必须慎重选择，以安全、隐蔽、高效为原则，避免误伤鸡和其他动物。

一、磷化锌

属于速效灭鼠药，又称单剂量灭鼠药。为灰黑色有光泽粉末，具有强烈的大蒜气味，不溶于水和乙醇，稍溶于油类。在干燥状态下毒性稳定，受潮或加水即可分解，使毒饵效力逐渐降低。因此，常用油做成黏着剂使用，可较长时间维持药效。

该药主要是作用于鼠的神经系统，破坏鼠的新陈代谢机能，可杀灭多种鼠类，是广谱性灭鼠药。本药可做成 3%~8% 的毒饵、毒粉使用。

毒饵做法：用粮食 5kg，煮成半熟晾至七成干，加食油

100g，磷化锌 125g，搅拌均匀即可。将毒饵投入到鼠洞内或鼠经常出入的僻静处，每处放 5 ~ 10g。

毒粉做法：取磷化锌 5 ~ 10g，加干面粉 90 ~ 95g，混合均匀，撒在鼠洞内，能黏在鼠的皮毛和趾爪上，鼠舔毛时即可中毒致死。使用时现用现配，遇潮湿分解失效。严防鸡误食，误食中毒后可用解磷定解毒。

二、灭鼠安

为淡黄色粉末，无臭无味，性质稳定，不溶于水和油类，能溶于乙醇、丙酮等有机溶剂。与强酸作用后可生成溶于水的盐类。对鼠类能选择性地显示毒力，呈较强的毒杀作用。对鸡的毒性较低。鼠食入后抑制酰胺代谢，中毒鼠出现严重的维生素 B 缺乏症，后肢瘫痪，常死于呼吸肌麻痹。用药时配成 0.5% ~ 2% 的毒饵，每堆投放 1 ~ 2g。同样应避免鸡误食。

三、敌鼠钠盐

本药属于茚满二酮类抗凝血性灭鼠药，即慢性灭鼠药。其特点是作用缓慢，鼠类要连续数次食入毒物蓄积后方可中毒致死。采食吸收后，既可破坏血液中的凝血酶原，使凝血时间延长，又可损伤毛细血管，提高血管壁的通透性，引起内脏器官与皮下出血，最后动物死于内脏器官的大出血。

本药为黄色粉末，无臭无味，可溶于乙醇、丙酮等有机溶剂，稍溶于热水（100℃水溶解度 5%），性质稳定。对人和畜禽毒性较低，对猫、犬、猪等毒性较强，可引起二次中毒。

使用方法如下。

（一）毒饵

1. 毒饵制备

称取敌鼠钠盐 5g，加沸水 2kg，搅拌均匀，再加入 10kg 杂粮，浸泡至毒水全部吸收后，加入适量植物油拌匀，晾干备用。

2. 混合毒饵

将敌鼠钠盐用面粉或滑石粉配制成1%毒粉，取毒粉1份，倒入19份切碎的鲜菜或瓜丝中，搅拌均匀即可，本品应现用现配。

（二）毒水

取1%敌鼠钠盐1份，加水20份即成

使用时连续添药，以保证鼠吃入药量。投药后1～2天出现死鼠，5～8天达死亡高峰，死鼠可延续10天以上，效果比较理想。用药时，应防止其他畜禽误食和发生二次中毒，一旦发生二次中毒，可采用维生素K_1解毒，效果可靠。

四、氯敌鼠（氯鼠酮）

与敌鼠钠盐属于同一种类杀鼠剂，对鼠的毒性作用比敌鼠钠盐强，且对人、畜禽的毒性较低，使用时安全可靠。

本药为结晶性粉末，不溶于水，可溶于乙醇、丙酮、乙酸、乙酯和油脂，无臭无味，性质稳定。对鼠类适口性较好，为广谱性杀鼠剂。

本品分为含量90%的原药粉、0.25%母粉、0.5油剂，使用时常配制成如下毒饵。

0.005%水质毒饵：取90%原粉3g，溶于适当热水中，待凉后，拌入50kg饵料中，晒干后使用。

0.005%油质毒饵：取90%原药粉3g，溶于1kg热食油中，晾冷至常温，混于50kg饵料中，搅拌均匀即可使用。

0.005%粉剂毒饵：用含0.25%母粉1kg，加入50kg饵料及少许植物油，充分搅拌混合均匀即可使用。

以上3种毒饵使用时，将任何一种毒饵投放到鼠洞或鼠活动场所即可。

五、杀鼠灵（华法令）

本药为香豆素类抗凝血灭鼠剂，纯品为白色粉末，无味，难溶于水，但其钠盐可溶于水，性质稳定。鼠类对本药接受性好，甚至出现中毒症状后仍采食，对人和畜禽毒性小，解毒可用维生素 K_1。目前，市售为含杀鼠灵 2.5% 母粉；使用时常配制成如下毒饵：

0.025% 毒米的配制：取 2.5% 母粉 1 份，植物油 2 份，米渣 97 份，混合均匀即成。

0.025% 面丸的配制：取 2.5% 母粉 1 份，与 99 份面粉搅拌均匀，再加适量水，制成每粒 1g 重的面丸，加少许植物油即成。

一次投药灭鼠效果较差，少量多次投放灭鼠效果好。在鼠活动的场所，每堆投放 3g，连续 3~4 天，可达理想效果。

六、杀鼠迷（立克命）

本药属香豆素类抗凝血杀鼠剂，纯品为黄褐色结晶粉末，无臭无味，不溶于水。适口性好，毒杀力强，很少发生二次中毒，是目前比较理想的杀鼠药。目前，市售杀鼠迷的商品母粉浓度为 0.75%，可做成固体毒饵和水剂毒饵使用。

固体毒饵：取 10kg 饵料煮至半熟，加适量植物油，取 0.75% 杀鼠迷母粉 0.5kg 混入饵料中，搅拌均匀即成。每堆 10~20g，投放 2 次。

水剂毒饵：目前市场有售，其有效成分含量为 3.75%。

七、大隆（杀鼠隆）

杀鼠极具毒力，是目前抗凝血杀鼠药中毒力最大的一种，对各种鼠的口服急性致死量都不超过每千克体重 1mg，该药还具有急性和慢性积累毒杀作用，能有效地毒杀具有抗药性鼠，还称为第二代抗凝血剂，是目前较为理想的杀鼠药之一。市售粉红警戒色大米毒饵，每鼠洞投放 5g，连投 2 天，15 天后灭鼠效果可达92%。如制成蜡块，适用于潮湿地区。对人、畜禽毒性大，又可产生二次中毒，用时要慎重。用于鼠类对其他灭鼠药产生耐药性的鸡场，更为理想。

第三章

家庭农场蛋鸡疾病预防

第一节 鸡传染病基本知识

一、鸡传染病的基本特征

凡是由病原微生物引起，具有一定的潜伏期和临床症状，并具有传染性的疾病统称为传染病。鸡传染病的基本特征是指传染病所特有的征象，包括由特定的病原微生物引起、有传染性和流行性、有免疫性和免疫期。

1. 特定的病原微生物

即每一种传染病都是由特定的病原微生物引起，引起鸡传染病的微生物包括病毒（如禽流感、新城疫等）、细菌（如大肠杆菌病、鸡白痢等）、支原体（如慢性呼吸道病）、衣原体（衣原体病）和真菌（念珠菌病）。诊断时，分离出病原微生物是区别传染病和非传染病的根本依据。

2. 传染性和流行性

传染性是指从病鸡体内排出的病原微生物，经过一定的途径进入另一只鸡体内，引起同样的疾病。所有传染病都具有一定的传染性，这是传染病区别于非传染病的又一重要特征。由于病原微生物的致病力和传播途径的不同以及鸡对各种病原体反应性差异，在传染过程中传染性的表现也不一致。有的传染病，如，禽流感，通过空气传播，具有高度的传染性，发病率很高；而有的传染病，如，鸡慢性呼吸道病，在鸡群中水平传播较缓慢。

流行性是指在一定时间内，某一地区易感鸡群中有许多鸡被感染，造成传染病的蔓延散播。每种传染病的流行强度和广度不尽相同，它取决于病原微生物的种类、毒力，鸡易感性的高低以及外界条件的影响。

3. 免疫性和免疫期

被感染的机体发生特异性反应，而耐过鸡能获得特异性免疫，即传染病痊愈的鸡，对引起该传染病的微生物能够产生特异性免疫应答，且在一定时间内（免疫期）对该传染病不再具有感染性。这种特异性免疫应答可用血清学方法或过敏反应检查出来，并用于鸡传染病的诊断、检疫和预防。

二、鸡传染病的临床特点

1. 疾病发展的规律

传染病的病程发展过程在大多数情况下具有一定的规律性，大致可以分为潜伏期（隐蔽期）、前驱期（先兆期）、症状明显（发病）期和转归期（恢复期）4个阶段。

（1）潜伏期（隐蔽期）　从病原体侵入机体并进行繁殖时起，直到疾病的临床症状开始出现为止，这段时间称为潜伏期。一般来说，急性传染病的潜伏期差异范围较小；慢性传染病以及症状不很显著的传染病其潜伏期差异较大，常不规则。同一种传染病潜伏期短促时，疾病经过常较严重；反之，潜伏期延长时，病程也常较轻缓。从流行病学的观点看来，处于潜伏期中的动物之所以值得注意，主要是因为它们可能是传染的来源。

（2）前驱期（先兆期）　是疾病的征兆阶段，其特点是临床症状开始表现出来。但该病的特征性症状仍不明显。多数传染病在这个时期仅表现出一些非特异性症状，如体温升高、食欲减退、精神异常等。各种传染病和各个病例的前驱期长短不一，通常只有数小时至 1~2 天。

（3）明显期（发病期）　前驱期之后，疾病的特征性症状逐步明显地表现出来，是疾病发展到高峰的阶段。这个阶段因为很多有代表性的典型症状相继出现，在诊断上比较容易识别。

（4）终结期（转归期）　疾病进一步发展为转归期。如果病原体的致病性能增强，或动物体的抵抗力减退，则传染过程以动物死亡而告终。如果动物体的抵抗力得到改进和增强，则机体便逐步恢复健康，表现为临床症状逐渐消退，体内的病理变化逐渐减轻，生理机能逐步恢复。机体在一定时期保留免疫学特性。在病后一定时间内还有带菌（毒）、排菌（毒）现象存在，但最后病原体可被消灭清除。

①完全痊愈。特点：病因消除后，疾病的所有症状消失，机体由病理性调节转化为生理性调节，受损器官的形态结构、机能活动、物质代谢恢复，动物的生产力恢复。

②不完全痊愈。特点：病因消除后，疾病的主要症状虽然消失，但受损器官的形态结构、物质代谢、机能活动还没有完全恢复，还遗留有疾病的某些残疾或永久性病变。

③死亡。生命活动终止，完整机体解体，也即在疾病过程中，损伤作用过强，机体的调节作用被破坏，不能适应生存环境的变化，适应力耗尽，呼吸和心跳等生命活动停止。

a. 濒死期（临终状态）：各系统功能严重障碍，脑干以上中枢神经深度抑制、反射迟钝、感觉消失、血压下降、心跳微弱、呼吸时断时续或周期性呼吸、括约肌松弛，粪尿失禁。心跳、呼吸骤停病例，可不经过或无明显的濒死期而直接进入临床死亡期，称为猝死。

b. 临床死亡期（相对死亡）：心跳、呼吸完全停止，反射消失，延髓深度抑制，组织微弱代谢，持续 5~6min（血流停止后，脑组织能耐受缺氧的时间）。

c. 生物学死亡期（真死）：整个中枢神经系统及其他各器官的新陈代谢停止，即脑死亡（不可逆变化）。尸体逐渐出现尸僵、尸冷、尸腐、尸斑等死后变化。

2. 发热

是许多传染病和炎症性疾病共有的症状，因而在临床上根据发热可以发现疾病，但不可以作为某些疾病诊断的依据。

3. 败血症

当动物机体的防御机能减弱时，微生物突破机体屏障，由局部组织、器官不断侵入血流，引起急性全身性感染，造成广泛的组织损伤，临床上出现严重的全身反应，这也是许多传染病发展过程中常出现的一种结果。

三、鸡传染病传染过程的类型

病原微生物侵入机体引发疾病和机体抗感染的斗争过程是错综复杂的，并受许多因素的影响。因而，传染过程表现出不同形式。按着不同的分类方法可以分为如下类型。

1. 按感染的发生分

（1）外源性感染　病原微生物从体外侵入到机体而引起的感染，如禽流感、新城疫等。

（2）内源性感染　正常情况下，存在于体内的条件性病原微生物在机体抵抗力降低时引起机体发病。如，大肠杆菌病等。

2. 按病原的种类分

（1）单纯感染　由一种病原微生物引起的感染。

（2）混合感染　有两种以上的病原微生物同时参与的感染。

（3）继发感染　机体感染了一种病原微生物后，在抵抗力减弱的情况下，又由新侵入的或原来就存在于体内的另一种病原微生物引起感染，如非典型新城疫常引起鸡大肠杆菌病继发感染。

3. 按临床表现分

分为显性感染、隐性感染、顿挫型感染和消散型感染。

（1）显性感染　当侵入的病原微生物具有足够的毒力和数量，而机体抵抗力相对弱时，感染的机体呈现出该病特有的临床表现，这种感染过程称为显性感染。

（2）隐性感染　如果侵入的病原微生物定居在机体的某一部位，虽然进行一定的增殖，但机体不表现任何的临床症状，这种感染过程称为隐性感染。

（3）顿挫型感染　开始时症状较重，与急性病例相似，但特征性症状尚未出现就迅速恢复健康的感染。这是一种病程缩短而没有表现该病主要症状的病例。常见于流行后期。

（4）消散型感染　开始症状较轻，特征性症状未出现即恢复的感染。或称一过型感染。

4. 按感染部位分

分为局部感染和全身感染。

（1）局部感染　侵入的病原微生物毒力较弱或数量减少，而机体抵抗力较强的情况下，病原微生物被局限于一定部位生长繁殖引起病变。

（2）全身感染　如果机体抵抗力较弱，病原微生物冲破机体的各种防御屏障，侵入血流向全身扩散，使感染全身化。主要形式有败血症、脓毒败血症等。

5. 按病程长短分

分为最急性感染、急性感染、亚急性感染、慢性感染。

（1）最急性感染　病程短促，常在数小时或一天内突然死亡。症状和病变往往不显著，多出现于流行的初期。

（2）急性感染　病程也较短，一般为几天至 2～3 周不等。伴有明显的典型症状或病变。一般在此期容易诊断。

（3）亚急性感染　病程稍长，临床表现显著。

（4）慢性感染　病程缓慢，常在 1 个月以上，症状不显著。如结核病。

以上各种类型只是从不同角度来认识感染，而不是截然无关的。一个病可从不同角度把它分成各种类型。

四、鸡传染病发生和发展的条件

鸡传染病发生和发展必须具备以下 3 个条件：传染源、易感动物和传播途径，如果缺少其中任何一个条件，就不可能发生传染病的发生和流行过程。当然，鸡传染病的发生还会受自然条件、社会环境因素的影响。鸡场兽医要熟知这 3 个条件和两个因素，对防制鸡群传染病的发生、控制传染病的流行和迅速扑灭传染病、减少损失、提高经济效益、制定防制措施有着非常重大的实际意义。

1. 传染源

具有一定数量和足够毒力的病原微生物。传染源一般可分为两种类型。

（1）病鸡和病死鸡的尸体　为最重要的传染来源，尤其是在急性过程或者病情加剧阶段的病鸡，可排泄出大量毒力强大的病原体，危害最大。

（2）病原携带者

① 潜伏期病原携带者是指感染后至症状出现前这段时间就能排出病原体的动物。在潜伏期中，大多数传染病的病原体数量还很少，尚未具备排出病原体的条件，因此。不能起传染源的作用。

② 恢复期病原携带者是指在临床症状消失后能排出病原体的病愈动物。一般来说，这个时期的传染性已逐渐减少或已无传染性了，但有的传染病，如，大肠杆菌病等，在恢复期仍能排出

病原体。所以，对恢复期的病原体携带者除应考察其过去病史外，还应做多次病原学检查才能确定。

③ 健康动物病原体携带者是指过去没有患过某种传染病，但能排出该种病原体的动物。一般认为，这是隐性感染的结果，如散养鸡可携带鸡毒支原体等。通常只能靠实验室诊断才能检出。

2. 易感动物

具有对某种传染病有感受性的鸡称为易感鸡。一个鸡群中易感个体所占的比例和易感性的高低，可直接影响到该种传染病能否造成流行以及疫病发生的严重程度。鸡群对某种传染病病原体的易感程度，主要取决于鸡群的免疫状态，同时，与鸡群本身的内在因素和环境条件、饲养管理水平等因素也有关系。如果鸡群中有80%的个体对某种传染病有免疫力，足以说明该鸡群对该传染病的抵抗力较高而易感性较低，只见零散发生该种传染病而不易发生该传染病较大规模的流行，像这样的鸡群，可以认为是非易感鸡群；相反，如果只有少数个体对某种传染病具有免疫力造成鸡群抵抗力较低，易感性较高，致使某种传染病得以流行，则该鸡群就是易感鸡群。科学的饲养管理，优越的环境卫生条件，有效地消毒和合理地疫苗预防注射等生产技术的实施，可增强鸡群的正常抵抗力和产生特异性免疫力，即可降低鸡群的易感性；反之，可使鸡群的易感性增高。

3. 传播途径

具有可促使病原微生物侵入易感鸡体内的外界条件。

传染源向外界排出病原微生物，侵入易感的健康机体内的方法和所经过的路线称传播途径。不同的传染病有其独特的传播途径。了解其传播途径，就能有效地防制传染源继续散播，是防治传染病流行的重要依据。

（1）水平传播　同一鸡群的易感鸡之间以直接接触或间接

接触的方式横向传播。这是鸡常见传染病的传播途径，可分为直接接触传播和间接接触传播两种。

①直接接触传播是在没有任何外界因素的参与下，传染源与健康动物直接接触而发生传染病的方式。如，鸡葡萄球菌病。

②间接接触传播一般通过以下几种途径传播。

a. 经空气（飞沫、尘埃）传播。患某些传染病病鸡的呼吸道内含有大量的病原体，当病鸡咳嗽和呼吸时，随飞沫散布于空气中，大滴的飞沫迅速落地，微小的飞沫在适宜的温度、湿度等条件下，能在空气中飘浮数小时，当健康鸡吸入飞沫后，可以引起感染。如，禽流感、新城疫和鸡传染性支气管炎等。某些在外界生存力较强的病原体，如，马立克氏病毒、葡萄球菌等，从病鸡的分泌物、排泄物排出，或从处理不当的尸体上散布在地面和环境中，干燥后随灰尘一起飘浮于空气中，当吸入后可感染易感鸡。

在一个清洁、干燥、光亮、温暖和通风良好的环境中，飞沫漂浮的时间较短，其中的病原体死亡较快，不利于疫病的传播；而在潮湿、污脏、阴暗、低温和通风不良的环境中，则飞沫在空气中停留的时间较长，有利于疫病的传播。规模化养鸡场由于鸡群密集，经空气传播是一个主要途径。

b. 经污染的饲料和饮水传播。对以消化道为主要侵入途径的传染病有重要意义，即通常所说的"病从口入"。易感鸡采食了含传染源的分泌物、排出物和病鸡尸体及其流出物污染了的饲料和水源，可以引起感染。以消化道为主要侵入门户的传染病很多，如禽流感、新城疫、鸡白痢等。

c. 经污染的土壤传播。随病鸡的排泄物或其尸体一起落入土壤中而且能生存很久的病原微生物，如，铜绿假单胞菌和结核杆菌虽不能形成芽孢，但对干燥、腐败等环境因素有较强的抵抗力，能在土壤中生存较长的时间。因此，对于能通过污染土壤而传播的传染病，要特别注意对这类病鸡的排泄物所污染的环境、物体和尸体的处理，防止病原体落入土壤，以免形成永久性的疫源地，其后患无穷。

d. 经活的媒介物传播。

节肢昆虫。包括蚊、蝇、蠓、虻等。通过这些昆虫传播疾病的特点是有明显的季节性，如炎热的夏季是鸡痘、住白细胞原虫病等疾病的流行高峰期，因为这些疾病可以通过蚊子或蠓、蚋的刺蛰传播。家蝇虽不吸血，但活动于鸡群与排泄物、病死尸体和饲料之间，可机械性地携带和传播大肠杆菌等病原体。由于这些昆虫都能飞翔，不易控制，能将疾病传到较远的地区。

e. 野生动物和其他畜禽。可以感染多种动物的共患病，如沙门氏菌病可通过鼠类传染给鸡。有些鸡病也可由机械性的携带病原而引起流行，如禽流感、鸡新城疫等病，其中，以飞鸟的危害最大。因此，要求鸡场重视灭鼠工作，避免其他鸟类飞入鸡舍。

f. 人也能传播鸡病。饲养人员、鸡场的管理人员、兽医人员以及参观者，若不遵守防疫卫生制度，随意进出鸡场，都有可能将污染在手上、衣服与鞋底上的病原体传给健康鸡。

g. 经用具传播。传染源排出的病原体，可污染饲养设备、清洁用具、器械，特别是针头等与病鸡接触密切的物品，若消毒不严，可以引起人为传播，在实践中这样的例子不少，教训颇为深刻。

（2）垂直传播　病原体经种蛋传于胚胎，使新生雏鸡受到感染，这种传播方式称为垂直传播，或称为经卵传播。在鸡的传染病中有不少是经卵感染而传播到下一代的，如鸡白痢、鸡淋巴细胞性白血病。

传染病的类型不同，其传播的途径也不同，有的经一种独特的传播方式，如飞沫传染、外伤传染等；有的则经多种途径传播，如新城疫可经消化道、呼吸道等多种途径传播。类似这样的疫病，传播途径越多，流行越广泛，在防制上就更为困难。

4. 自然因素的作用

自然因素包括气候、气象、地理、地形等条件。自然因素尤其对有生命的传递因素（媒介者）影响明显，如昆虫、蜱等活动受到季节的影响，以它们为传播媒介的传染病，呈季节性发生。日光照射、干燥的气候对多数病原微生物有杀灭作用，而适宜的温度和湿度可促使病原微生物较长时期地保存在外界环境中，所以，温度下降、空气的湿度上升将容易发生呼吸道传染病。在适当的条件、适当的季节和环境中，某种野生动物或啮齿类动物的活动范围加大，如果它们是传染来源，就会把病原微生物带到很大的范围内。如果鸡本身是淘汰的病鸡，销售到哪里，病原微生物就会散播到哪里。低温高湿的环境还能使鸡群的抵抗力减弱，较易发生呼吸系统传染病和条件性致病微生物所致的传染病。

5. 社会因素的作用

社会制度、人民经济状况和国民的文化水平、政治素质，生活方式、灾荒等，在鸡群传染病的发生上起着非常重要的作用。无论是传染来源、传递因素还是易感鸡群都可以受人类活动的影响。当鸡群中病鸡是传染源时，鸡群中传染病能否继续散播，决定于鸡场饲养管理人员和鸡场兽医能否及时查明和隔离这些传染来源，并及时采取有效的防制措施；存在于自然界的各种物体（有生命的和无生命的）是否有可能成为传染病的传递媒介，也是由人类活动决定的，如除虫、灭鼠，及时消毒，焚烧、深埋污染物等，对消灭传递媒介有很好的效果；饲养管理人员和鸡场兽医的觉悟和素质，受到社会多方面的影响，他们又影响到各项工作的开展和制度的完善，尤其是饲养管理制度、防疫制度，环境卫生等，这些均影响到鸡群的易感性。科学饲养、科学管理，防重于治等各项措施的实施，无一不与社会因素密切相关。

五、鸡群传染病流行病学统计术语

1. 死亡率

在一定的时间内，不分疾病的性质和种类，死亡鸡只数占鸡的总数的百分比称死亡率。如总鸡数为 5 000 只，死亡数为 300 只，则死亡率为 6%。

2. 发病率

是按传染病流行的疫区内鸡的总数中有临床症状的病鸡数，以百分率表示。如鸡场中有鸡 10 000 只，某传染病流行时，有临床症状的发病鸡 100 只，则发病率为 1%。

3. 感染率

在感染的鸡群中，用补充的方法（临床资料）和检验的方法（细菌学、血清学、过敏反应等），查出来的所有被感染（包括隐性感染个体）鸡只占鸡群总数的百分率，比发病率更能说明疫病流行情况。

4. 致死率

根据发病鸡的总数，计算死亡于该病的鸡数，以百分率表示。例如：发生传染病时，发病鸡数为 8 000 只，病鸡死亡数为 800 只，则致死率为 10%。病死率是指在此期间因各种病因而致死的百分数。所以，致死率比病死率更能说明该传染病的危害性。

5. 传播率

发生某种传染病时，被该传染病蔓延的点、区和省的数量称为传播率。

鸡场兽医在全年的工作中，尤其在疫病流行期，应特别注意鸡群动态，随时观察与记录，及时总结，分析所在鸡场情况提高防控鸡病水平。在所有传染病的发病总数中，分析各种传染病所占的比例，找出防疫工作的重点；分析不同时间（周、月、季）的发病率及在全年或全部流行期内所占的比例，找出各期发病率变动的原因，根据这些原因，采取相应的防治措施；分析比较鸡群历年的发病率和死亡率变化情况，找出变化的原因，加以控制；分析发病与日龄和生产性能的关系，找出饲养管理、品种上的原因；了解与分析周边鸡场疫情动态及传播规律，找出彼此之间的内在联系，以杜绝相互传播。

六、当前规模化蛋鸡场疫病流行特点

近年来，随着养鸡业的快速发展，养殖水平不断提高，各种疾病也在不断的发生变化。给养鸡生产带来了新的威胁。当前鸡病的发生表现出了以下一些新的流行特点。

1. 鸡病种类增加，传染性疾病危害最大

鸡的人工饲养密度较大，由于自然选择的结果，很容易出现新的病毒毒种或变异毒株，引起鸡群发病。如，禽流感病毒变异株的出现。

2. 疫病传播速度加快

规模化养鸡最显著的特点是生产规模大、鸡只数量多。易感鸡群的增加，导致疫病在鸡群中传播流行的速度加快。

3. 免疫压力下引起疾病的非典型流行形式

由于免疫水平不高，尤其是群体免疫水平不一致，使原有的老病常以不典型症状和不典型病变出现，即非典型化，有时甚至以新的面貌出现，如非典型新城疫等。

4. 免疫抑制性疾病的普遍存在

免疫抑制病越来越多，成为笼罩我国养禽业的阴影。常见的免疫抑制性疾病有鸡传染性法氏囊病、鸡马立克氏病、网状内皮组织增殖症、禽流感、禽病毒性关节炎、鸡传染性贫血等。

5. 主要传染病的临床症状多样化

鸡群中，病原体的变异和进化使之出现新的毒力型、新的致病型或新的变异型，进而引发同一疾病临床症状呈现多种类型同时并存，且各临床症状间相关性很小，自然康复后的交叉保护率很低。如，传染性支气管炎有经典的呼吸型、肾型、腺胃型、生殖型、肠型及胸型等。马立克氏病有神经型、皮肤型、内脏型、眼型等类型，既有缓和的亚临床感染导致免疫抑制，又有造成巨大损失的超强毒株引起的疾病等。

6. 致病因子的协同作用，混合感染增多

在畜禽疫病流行过程中，经诊断约有 50% 以上的疾病都是混合感染或继发感染。鸡多病因呼吸道疾病的病因包括传染性病因和非传染性病因。前者包括大肠杆菌、支原体和其他免疫抑制病毒感染；非传染性病因有拥挤、温度忽高忽低、湿度过大或过小、通风不够等应激因素。

7. 细菌中的耐药细菌数量越来越多

由于管理不善，抗生素滥用等原因引起细菌的耐药性越来越严重，给鸡的细菌性疾病防治提出了新的挑战。

8. 症状相似需要鉴别诊断的多

同一临床症状可能有多种原因，由于病原血清型的改变和新毒株的产生，造成感染组织范围不断扩大，临床症状也出现多样化，因而出现同一病因的症状更加复杂。如腺胃肿大可能是马立克氏病、腺胃型传染性支气管炎等；神经症状可能是高致病性禽流感、新城疫、马立克氏病、鸡传染性脑脊髓炎、脑炎型大肠杆菌病等。

由于以上原因导致疾病的诊断困难，治疗效果往往不理想，给家庭农场兽医在诊断和治疗上提出了更高的要求。

第二节　鸡场免疫

一、免疫应答基本知识

1. 生物制品

是指应用微生物学、寄生虫学、免疫学、遗传学及生物化学的理论和方法，利用微生物或寄生虫及其代谢产物或应答产物制备的一类物质。这类物质供预防、治疗及诊断动物疾病之用。

2. 免疫

通过预防接种，使鸡的体内产生针对某种病原体的特异性抗体，从而获得对某种病原体引起的疾病的抵抗力。

3. 疫苗

疫苗是用于接种动物，使之产生免疫保护力，以预防、控制和消灭传染病的生物制品。其原理是将细菌、病毒和寄生虫以及代谢产物，经过人工致弱或灭活，使之丧失毒力，但可以刺激和激活机体非特异性和特异性免疫系统，产生干扰素、白介素和抗体等物质；当机体再次接触到相同的病原时，免疫系统内的记忆细胞会迅速作出反应，产生细胞免疫和体液免疫，杀灭病原体，对机体产生保护作用。

4. SPF 种蛋

即无特定病原的种蛋，专供制作各种疫苗使用。无特异性病原，必须排除以下病原：腺病毒、脑脊髓炎病毒、肾炎病毒、鸡传染性贫血病毒、传染性支气管炎病毒、传染性喉气管炎病毒、传染性法氏囊病病毒、禽流感病毒、鸡副嗜血杆菌、禽痘病毒、禽白血病病毒、马立克氏病毒、支原体、新城疫病毒、沙门氏菌、呼肠孤病毒、网状内皮细胞组织增生病毒、劳斯肉瘤病毒、禽结核、肿头综合征病原体等。只有使用这样的种蛋制作的疫苗才能保证疫苗的质量，才能保证免疫效果。

5. 抗原

能刺激机体产生抗体的侵入物质，如病毒、细菌、细菌产物或其他有毒物质等。

6. 抗体

抗原刺激机体的免疫系统（胸腺、法氏囊、盲肠扁桃体等），使免疫系统发生反应而产生的一种生物化学物质。

7. 凝集反应

在机体内，抗原、抗体结合产生凝集，形成团块。体外凝集反应也是经常应用的方法，用以诊断疾病。

8. 既往症反应

机体侵入某种抗原（如病毒），该抗原被巨噬细胞吞噬，这种巨噬细胞迁移到有表面抗体的 B 淋巴细胞，在此发生反应，B 淋巴细胞释放出抗体，同时产生记忆细胞。当第二次相同的抗原（如病毒）侵害时，这些记忆细胞还能识别，因此防御反应比第一次更快，产生抗体更多，这就叫既往症反应。

9. 体液抗体

在血液及淋巴液循环系统中的抗体。

二、蛋鸡常用的疫苗及疫苗管理

1. 蛋鸡场常用的疫苗有两大类型：弱毒活疫苗和灭活苗。

（1）弱毒活疫苗　它是将强毒株通过非宿主动物或细胞传代致弱或物理化学方法致弱或基因工程方法致弱，再与保护剂冻干而成。弱毒疫苗一般采用真空冻干工艺制备，对运输和储存的要求较高，需要冷冻保存。弱毒疫苗的毒力大大下降，但仍然保持着良好的病原特性，可以在机体内繁殖，用较少剂量就可以达到良好的免疫效果。它可以通过模拟自然感染途径接种（点眼、滴鼻、口服等）或肌肉接种，产生全身免疫反应和局部免疫反应。

蛋鸡常用的弱毒活疫苗有：鸡新城疫弱毒苗、马立克氏病疫苗、鸡传染性法氏囊病冻干苗、鸡传染性支气管炎冻干苗、鸡传染性喉气管炎冻干苗、鸡痘冻干苗、鸡病毒性关节炎冻干苗等。

（2）灭活疫苗 是将免疫原性强的病原微生物在合适的培养基增殖后，再用物理或者化学方法灭活，使其致病性丧失，但保留免疫原性，代谢产物也可用于灭活疫苗的制备。灭活疫苗一般采用肌内注射方式接种，引起以体液免疫为主的免疫应答。由于灭活疫苗中的病原不能生长繁殖，因此，比较安全，但是需要多次接种才能产生比较持久的免疫力。

灭活疫苗是比较传统的疫苗，为动物传染病的防治上做出了巨大的贡献。根据病原体的不同分为细菌性灭活疫苗和病毒性灭活疫苗。灭活疫苗的制备过程包括疫苗毒株的培养、灭活剂的选择、灭活方法的使用以及疫苗乳化制备等几大步骤。由于灭活疫苗在生产过程中需要将强毒（菌）灭活，因此，如果灭活不彻底，则有可能散毒，甚至引发重大的医疗事故。灭活疫苗在兽医疫病防治上有着广泛的应用。目前，我国在规模鸡场大量使用灭活疫苗，包括禽流感油乳剂灭活苗、新城疫油乳剂灭活苗等。

利用现在的生物技术可以对免疫效果不好、副作用大或使用不便的灭活疫苗进行改进，如加强原有抗原含量及筛选新的菌（毒）株、研制和筛选新的灭活剂、寻找新的佐剂以激发机体的CTL反应、使用无针头注射免疫法避免机体应激等。

蛋鸡常用的灭活苗包括：新城疫油乳剂灭活苗、鸡传染性支气管炎（肾传）多价油乳剂灭活苗、鸡减蛋综合征油乳剂灭活苗、鸡传染性法氏囊病油乳剂灭活苗、禽病毒性关节炎油乳剂灭活苗、鸡败血支原体油乳剂灭活苗、鸡传染性鼻炎油乳剂灭活苗、禽霍乱油乳剂灭活苗、禽霍乱蜂胶佐剂疫苗、鸡大肠杆菌多价复合蜂胶佐剂疫苗、鸡新城疫—减蛋综合征二联油乳剂灭活苗、鸡新城疫—传染性支气管炎（肾型）二联油乳剂灭活苗、鸡新城疫—传染性支气管炎—减蛋综合征三联油乳剂灭活苗等。

2. 疫苗管理

为了保证疫苗的质量不受影响，应正确保存、运输和使用疫苗。

（1）购买的疫苗应尽快使用　弱毒疫苗保存于冰箱冷冻室（-18℃以下）冻结保存，灭活苗保存在冰箱冷藏室。注意防止过期。

（2）运输前须妥善包装，防止碰破后疫苗流失　运输途中避免高温和日光照射，应低温运送。大量运输时使用冷藏车，少量疫苗可装入盛有冰块的广口保温瓶内运送。但对灭活苗在寒冷季节要防止冻结。

（3）使用

①免疫接种前，对使用的疫苗进行仔细检查。瓶签上的说明（名称、批号、用法、用量、有效期）必须清楚，瓶子与瓶塞无裂缝破损，瓶内的色泽性状正常，无杂质异物，无霉菌生长，否则，不得使用。

②不需要稀释的疫苗，先除去瓶塞上的封蜡，用酒精棉球消毒瓶塞。

③需要注射接种的疫苗，在瓶塞上固定一个消毒的针头专供吸取疫苗，抽吸到疫苗后不拔出，用酒精棉包裹，以便再次抽吸。给鸡注射用过的针头，不能抽吸疫苗，以免污染。

④吸取和稀释疫苗时，必须充分振荡，使其混合均匀。

⑤已经打开瓶塞或稀释过的疫苗，必须当天用完，未用完的疫苗经加热处理后废弃，以防污染环境。吸入注射器内未用完的疫苗应注入专用空瓶内再处理。

三、疫苗免疫途径

(一) 滴鼻、点眼免疫

滴鼻免疫、点眼免疫的接种方法如果操作得当，效果确实可靠，尤其对一些预防呼吸道疾病的免疫具有较好效果。但如果鸡群数量大，或鸡日龄大，就需要消耗大量的劳动力和时间，也会造成一定的应激，如操作上稍有马虎，则往往达不到预期目的。

疫苗稀释液一般用生理盐水、蒸馏水或凉白开水，不要随便加入抗生素或其他化学药物。稀释液的用量要准确，最好根据自己所用的滴管或针头事先滴试，确定1ml多少滴，然后再计算疫苗稀释液的实际用量。一般1 000羽份的疫苗用70~80ml稀释液稀释后，每只鸡可滴2滴。免疫前，首先用吸管吸取少量稀释液移入到疫苗瓶中，待疫苗完全溶解后，再倒入稀释液中混匀，即可使用。为使操作准确无误，一手一次最好抓一只鸡，在滴入疫苗前，应把鸡的头颈摆成水平的位置（一只眼朝天，另一只眼朝地），并用一只手指按住向地面的一侧鼻孔。接种时，用清洁的吸管在每只鸡的一侧眼睛和鼻孔内分别滴一滴稀释的疫苗液，当滴入眼结膜和鼻孔的疫苗完全吸收后再放开鸡。

应注意做好已接种鸡和未接种鸡之间的隔离，防止漏免。稀释的疫苗要在1~2h用完。为减少应激，最好在晚上弱光环境下接种，也可在白天适当关闭门窗后，在稍暗的光线下接种。

(二) 饮水免疫

饮水免疫是一种省时省力的群体免疫方法，和注射法、滴鼻法、点眼法相比，减少了抓鸡及注射时的应激刺激，在实际生产中应用非常广泛。饮水免疫应注意以下几点。

（1）疫苗选择　最好选用高效价的弱毒活疫苗，如鸡新城疫弱毒疫苗、鸡传染性法氏囊病弱毒疫苗、鸡传染性支气管炎弱毒疫苗等。

（2）饮水免疫前使鸡有一定程度的渴感，以使疫苗在短时间内（2h左右）饮完　进行疫苗饮水免疫前，必须对鸡群进行停水。停水时间依据环境温度而定，一般情况下，舍温在 8 ~ 15℃时，停水 4 ~ 6h；16 ~ 25℃，停水 3 ~ 4h；25℃以上，停水 1 ~ 3h。如果停水时间过长，鸡群渴感极度增加，供水时，易造成体质好的鸡只暴饮而造成水中毒；停水时间过短，饮欲不强，鸡只饮入的疫苗量不够及剩余的疫苗时间长而失活。

（3）水质要求　饮水中有很多因素可能直接影响疫苗的稳定性和免疫活性。稀释疫苗最好用凉白开，也可用深井水加 0.1% ~ 0.3% 脱脂奶粉稀释，疫苗要现用现配，不得用温水和热水。

（4）免疫时机　一般建议鸡群进行饮水免疫在早晨太阳升起的时候进行，因为光照可以增加鸡群的活动性。如果遇到阴天，可以适当增加光照，以促进鸡群的活动量，提高饮水量。

（5）饮水准备　饮水免疫前，应准确计算鸡群的饮水量。水量过多或过少都会影响鸡群的免疫效果。水过少会导致免疫效果不均一，水过多会出现鸡群不能及时饮完含有疫苗的饮水，导致疫苗不能完全而及时地被鸡群摄入，而影响免疫效果。所以，必须根据舍温、日龄，准确计算每只鸡在停水时间内的饮水量。一般用量为：1 ~ 2 周龄 5 ~ 10ml/只；3 ~ 4 周龄 15 ~ 20ml/只；5 ~ 6 周龄 20 ~ 30ml/只；7 ~ 8 周龄 30 ~ 40ml/只；9 ~ 10 周龄 40 ~ 50ml/只。也可在用疫苗前 3 天连续记录鸡的饮水量，取其平均值以确定饮水量，通常用于稀释疫苗的水量约为鸡群日常饮水量的30%左右。免疫后 1 ~ 2h 再正常饮水。

（6）禁忌　饮水免疫不得使用金属容器，应用清水刷洗干净，没有残留消毒剂和洗涤剂等。配制好的疫苗稀释液严禁阳光直射；在饮水免疫前后24h内，蛋鸡饲料和饮水中不可使用消毒剂和抗生素类药物。

（7）鸡群健康检查　饮水免疫前应详细检查鸡群的健康状况，对病弱鸡或疑似病弱鸡要及时隔离，不得进行饮水免疫。要对鸡群进行严格监测，免疫后抗体水平比免疫前要上升两个滴度，免疫才算成功，否则，应重新免疫。

（8）饲料　在饮水免疫前后 3 天，饲料中加入多种维生素，尤其是维生素 C、维生素 A 和维生素 E。

（三）喷雾免疫

喷雾免疫简便而有效，对鸡呼吸道病的免疫效果很理想，可对鸡进行大群免疫。

1. 喷雾免疫步骤

（1）选择合适的喷雾器械并试用　以检查其性能。

（2）配苗　稀释液应使用去离子水或蒸馏水，最好加入 5% 甘油或 0.2% 脱脂奶粉。喷雾免疫疫苗的使用量是其他免疫法疫苗使用量的 2 倍，配液量应根据免疫的具体对象而定，稀释液的用量（以每 1 000 只鸡为单位）参照如下：1 周龄雏鸡每 1 000 只的喷雾量是 200 ～ 300ml；2 ～ 4 周龄 400 ～ 500ml；5 ～ 10 周龄 800 ～ 1 000ml；10 周龄以上 1 500 ～ 2 000ml。也可视喷雾次数和免疫时间长短凭经验调整，稀释后的疫苗应在 2h 内用完。

（3）喷雾方法　1 日龄雏鸡喷雾时，可打开出雏器或运雏箱，使其排列整齐。

2. 喷雾免疫注意事项

喷雾免疫是利用气压使稀释的疫苗雾化，并均匀地悬浮于空气中，雾化的疫苗随呼吸进入鸡体，使鸡获得免疫力。只有预防呼吸道疾病的疫苗才可以通过喷雾方式进行免疫，如鸡新城疫Ⅳ系弱毒疫苗、鸡传染性支气管炎弱毒疫苗等。当鸡发生呼吸道疾病时不能进行喷雾免疫，否则不仅不会产生理想效果，还可能加重病情。喷雾免疫应注意以下问题。

（1）喷雾免疫一般选择在傍晚，以减少鸡群的应激反应，并避免阳光直射疫苗 关闭鸡舍的门窗和通风设备，减少鸡舍内的空气流动，将鸡群处于阴暗处。喷雾器或雾化器内应无消毒剂等残留，最好选用疫苗接种专用的器具。

（2）疫苗的配制及用量 选用不含氯元素和铁元素的清洁水溶解疫苗，常用的水有去离子水和蒸馏水，不能选用生理盐水等含盐类的稀释剂，以免喷出的雾粒迅速干燥致使盐类浓度升高而影响疫苗的效力。

（3）雾化粒子的大小要适中，在喷雾前可以用定量的水试喷，掌握好最佳的喷雾速度、喷雾流量和雾化粒子大小。该免疫法在患有慢性呼吸道病的鸡群中应慎用。新城疫弱毒疫苗会引发操作人员单侧性眼炎，因此，喷雾人员要注意自身防护。

（四）注射免疫

注射免疫分皮下注射与肌内注射两种方法。肌内注射抗体上升快，但对鸡的应激大，容易造成残鸡，且抗体维持时间短，常用做紧急免疫；皮下注射对鸡只免疫应激小、抗体维持时间长，是实际生产中较常用的免疫接种方法。

1. 注射免疫关键点是注射器械的消毒与校正剂量

免疫前，将注射器、针头、胶管采用煮沸法消毒备用；同时，校准注射器，保证注射量与免疫剂量一致。

（1）颈部皮下注射免疫 部位：颈部正中线的下 1/3 处。操作要领：用拇指和食指捏起鸡只颈部皮肤，使表皮和颈部肌肉之间产生气窝，同时，向气窝内注入疫苗。注射时，针头应向后向下，与鸡只颈部纵轴平行。

（2）胸部注射免疫 胸部肌肉或皮下；肌内注射也可选择翅膀近端关节附近的肌内注射。

操作要领：抓鸡人员一只手抓住双翅，另一只手抓住双腿，将鸡固定，将胸部向上，平行抓好；皮下注射时，用手将胸部羽毛拨开，针头呈 15°角将疫苗注入，同时，用拇指按压注入部位，使疫苗扩散，防止疫苗漏出；胸部肌内注射时，针头方向应与胸骨大致平行，雏鸡插入深度为 0.5～1.0cm，日龄较大的鸡可为 1.0～2.0cm。

（3）腿部注射免疫　部位：大腿部外侧肌肉或皮下。操作要领：针头方向应与腿骨大致平行，肌内注射呈 30°～45°角、皮下注射呈 15°角将疫苗注入。

2. 推荐的免疫操作方法

育雏、育成阶段免疫方法：2 周龄前，颈部皮下注射；2 周龄后，胸部皮下注射。

产蛋阶段优先免疫方法：胸部皮下—颈部皮下—腿部皮下—胸部肌肉—腿部肌肉。

3. 注射免疫注意事项

①免疫用的疫苗应提前从冰箱中取出，保证疫苗使用时为常温，减少低温疫苗对鸡的冷刺激。

②使用前及使用过程中要充分摇晃疫苗，保证每只鸡获得均一的抗原量。

③颈部皮下注射时，应避免将疫苗注射到颈部血管、神经或靠近头部的部位，避免鸡只死亡、残疾或肿头。

④胸肌内注射时，应防止误刺入肝脏、心脏或胸腔内，引起鸡只意外死亡。因腿部有大的血管且神经干较多，又是家禽负重的主要部分，一般不宜做肌内注射。

⑤用连续注射器接种疫苗，注射剂量要反复校正，减少误差。针头不能太粗，以免拔针后疫苗流出。

⑥选择不同的部位注射疫苗。由于疫苗对局部组织的损伤及过多疫苗在同一部位的蓄积会造成吸收障碍，影响鸡群健康与免疫效果。

⑦疫苗的稀释和注射量应适当，一般以每只 0.2～1.0ml 为宜。

⑧每注射 100 只鸡至少更换一次针头。应先接种健康鸡只，再接种假定健康鸡只。

（五）疫苗刺种

刺种免疫适用于鸡痘、鸡脑脊髓炎、鸡痘—传染性脑脊髓炎二联弱毒活疫苗等的免疫接种。免疫时，抓鸡人员一只手将鸡的双脚固定，另一只手轻轻展开鸡的翅膀，拇指拨开羽毛，露出三角区，免疫人员用特制的疫苗刺种针蘸取疫苗，垂直刺入翅膀内侧无血管处的翼膜内。

刺种免疫注意事项如下。

1. 要保证稀释液质量

推荐使用专用稀释液；条件不允许时，可用灭菌蒸馏水或生理盐水替代。

2. 疫苗配制要正确

先将少量稀释液倒入疫苗瓶中，待疫苗溶解后，回倒至稀释液瓶中，用稀释液反复冲洗疫苗瓶 2～3 次，保证瓶中无疫苗残留。

3. 刺种部位

在鸡翅翼膜内侧中央，严禁刺入肌肉、血管、关节等部位。

4. 必须刺一下浸一下刺种针

疫苗液须浸过刺种针槽，保证刺种时针槽内充满药液；刺种针应垂直向下刺入。

5. 适当稀释疫苗

刺种免疫时由于每只鸡耗用疫苗量很少，如果配制的疫苗在 2h 内不能用完，疫苗就会失效。所以，配制疫苗时一定要控制用量，超过有效期没有用完的稀释疫苗应妥善处理后废弃。

四、制定适宜的免疫程序

免疫程序是指在鸡的生产周期中，为了预防某种传染病而制定免疫接种的次数、间隔时间、疫苗种类、用量、用法等。科学制定免疫程序时的注意事项：要依据本地区鸡病流行的情况及严重程度、母源抗体水平、鸡的种类、各种疫苗的接种方法等。最好是通过免疫监测接种鸡的抗体水平，来合理地制定免疫程序。

1. 根据当地和本场疫病流行情况、流行规律，制定所需接种疫苗的种类

接种疫苗的种类应是当地比较流行或曾经发生及受威胁的病种。同时，注意疫苗毒株的血清型要与当地病原流行毒株（或菌株）相对应。

2. 根据母源抗体水平确定首免日龄

疫苗免疫后，要定期检测抗体水平，根据抗体检测情况确定加强免疫时间。

3. 日龄和鸡体的易感性

确定接种日龄必须考虑到鸡体的易感性，马立克氏病的免疫必须在出壳24h内，因为雏鸡对马立克氏病的易感性最高，随着日龄的增长，其易感性降低。

4. 对烈性传染病或经常控制不住的传染病的处理

一是灭活苗和活苗兼用，二是选择疫苗毒株与流行病的毒株一致。

5. 饲养管理水平和营养状况

一般管理水平高，营养状况良好的鸡群可获得很好的免疫效果，反之，效果不佳或无效。

6. 应激状态下的免疫

某些疾病、运输、炎热、通风不良等应激状态下，一般不进行接种免疫，待应激消除后再进行接种。

7. 关于不同目的的早期免疫

为了达到不同的目的，首免可提前。在雏鸡母源抗体未达高峰之前接种不受母源抗体干扰；由于母源抗体抵抗不住野毒的攻

击，所以提前接种有利于防范野毒的侵袭。由于种蛋来自不同的鸡群或区域，所以，雏鸡的母源抗体参差不齐，免疫效应不一，1日龄接种可平衡个体之间的抗体滴度，保证下次免疫获得均衡一致的免疫效应。英国、法国、中国广州、江苏等均有在1日龄进行首免的报道，日本还在胚胎期进行免疫。

根据以上原则，结合本场实际情况，可制定出适合本场的最佳免疫程序。附录三、附录四中介绍的免疫程序供参考。

五、蛋鸡紧急接种应注意问题

调整鸡群健康状况，确定接种时间，接种疫苗前应对鸡群健康状况进行详细调查。若有严重传染病流行，则应停止接种。若是个别病鸡，应该剔除、隔离，然后接种健康鸡。对可疑有疫病流行的地区，可在严格消毒的条件下，对未发病的鸡只做紧急预防接种。免疫接种时间应根据传染病的流行状况和鸡群的实际抗体水平来确定。鸡体对抗原的敏感程度呈24h周期性变化，不同时间内免疫效果稍有差异。清晨鸡体内肾上腺素分泌较其他时间少，对抗原的刺激也最敏感，此时疫苗接种效果最好。

六、蛋鸡免疫失败的原因

疫苗接种是预防传染病的有效方法之一，但是免疫接种能否获得成功，不但取决于接种疫苗的质量、接种方法和免疫程序等外部条件，还取决于机体的免疫应答能力这一内部因素。接种疫苗后的机体免疫应答是一个极其复杂的生物学过程，许多内外环境因素都影响机体免疫力的产生、维持和终止。所以，接种过疫苗的鸡群不一定都能产生坚强的免疫力。近年来，一些免疫鸡群常常暴发传染病，给养鸡生产造成了较大的损失。根据生产实践和调查分析，就引起鸡群免疫失败的因素及防制对策概括如下，供养鸡生产者参考。

1. 疫苗及稀释剂

（1）疫苗的质量　疫苗不是正规生物制品厂生产，质量不合格或已过期失效。疫苗因运输、保存不当或疫苗取出后在免疫接种前受到日光的直接照射，或取出时间过长，或疫苗稀释后未在规定时间内用完，影响疫苗的效价甚至失效。

（2）疫苗选择不当　蛋鸡日龄较小时抵抗力相对较弱，选用一些中等毒力的疫苗，如，选择传染性支气管炎疫苗 H_{52} 或新城疫 I 系疫苗，不仅起不到免疫作用，反而可导致病毒毒力增强和病毒扩散。

（3）疫苗间干扰作用　将两种或两种以上无交叉反应的抗原同时接种时，机体对其中一种抗原的抗体应答显著降低，从而影响这些疫苗的免疫接种效果，如，新城疫和传染性支气管炎、新城疫和传染性法氏囊病等。

（4）疫苗稀释剂　疫苗稀释剂存在质量问题，或未经消毒处理，或受到污染而将杂质带进疫苗；饮水免疫时，饮水用具未消毒、清洗，或饮水器中含消毒药等都会造成免疫不理想或免疫失败。

2. 鸡群机体状况

（1）遗传因素　动物机体对接种抗原产生免疫应答，在一定程度上是受遗传控制的，鸡品种繁多，免疫应答各有差异；即使同一品种不同个体的鸡，对同一疫苗的免疫反应强弱也不一致。有的鸡自身存在先天性免疫缺陷，也可导致免疫失败。

（2）母源抗体干扰　种鸡个体免疫应答差异以及不同批次雏鸡群不一定来自同一种鸡群等原因，造成雏鸡母源抗体水平参差不齐。如果所有雏鸡固定同一日龄进行接种，母源抗体过高时，会干扰后天免疫，不产生应有的免疫效果。来自同一鸡群的不同个体之间母源抗体滴度也不一致，母源抗体干扰疫苗毒在体内的复制，也会影响免疫效果。

（3）应激因素　动物机体的免疫功能在一定程度上受到神经、体液和内分泌的调节，在环境温度过高或过低、湿度过大或过小、通风不良、拥挤、突然换饲料、运输、转群等应激因素的影响下，机体肾上腺皮质激素分泌增加。肾上腺皮质激素能显著损伤 T 淋巴细胞，对巨噬细胞也有抑制作用，增加 IgG 的分解代谢。所以，当鸡群处于应激反应敏感期时接种疫苗，就会减弱鸡的免疫能力。

（4）营养因素　维生素及许多其他养分都对鸡免疫力有显著影响。养分缺乏，特别是缺乏维生素 A、维生素 B、维生素 D、维生素 E 和多种微量元素及全价蛋白时能影响机体对抗原的免疫应答，免疫反应明显受到抑制。试验表明，雏鸡断水、断食 48h，会导致法氏囊、胸腺和脾脏重量明显下降，脾脏内淋巴细胞数减少，网状内皮系统细菌清除率降低，即机体免疫能力下降。

3. 疾病

（1）病原血清型　多数病原微生物有多个血清型，甚至有多个血清亚型，某鸡场感染的病原微生物与使用的疫苗毒株（或菌苗菌株）在抗原上可能存在较大差异或不属于一个血清（亚）型，从而导致免疫失败。

（2）免疫抑制性疾病　马立克氏病、淋巴白血病、传染性法氏囊病、传染性贫血、球虫病等能损害鸡的免疫器官法氏囊、胸腺、脾脏、哈德氏腺、盲肠扁桃体、肠道淋巴样组织等，从而导致免疫抑制。特别是传染性法氏囊病可以造成免疫系统的破坏，从而影响其他传染病的免疫。鸡群发病期间接种疫苗，还可能发生严重的反应，甚至引起死亡。

4. 免疫程序不合理　鸡场未根据当地鸡病流行规律和本场实际科学制定免疫程序。

5. 其他因素

（1）饲养管理不当、消毒卫生制度不健全　鸡舍及周围环境中存在大量的病原微生物，在用疫苗期间鸡群已受到病毒或细菌的感染，这些都会影响疫苗的效果，导致免疫失败。饲喂霉变的饲料或垫料发霉，霉菌毒素能使胸腺、法氏囊萎缩，毒害巨噬细胞而使其不能吞噬病原微生物，从而引起严重的免疫抑制。

（2）免疫方法不当　滴鼻免疫、点眼免疫时，疫苗未能进入鼻腔、眼内；肌内注射免疫时，出现"飞针"，疫苗根本没有注射进去或注入的疫苗从注射孔流出，造成疫苗注射量不足并导致疫苗污染环境。饮水免疫时，免疫前未限水或饮水器内加水量太多，使配制的疫苗未能在规定时间内饮完而影响剂量。

（3）化学物质的影响　许多重金属（铅、镉、汞、砷）均可抑制免疫应答而导致免疫失败；某些化学物质（卤化苯、卤素、农药）可引起鸡免疫系统部分甚至全部萎缩以及活性细胞的破坏，进而引起免疫失败。

（4）滥用药物　氯霉素、卡那霉素等药物对 B 淋巴细胞的增殖有抑制作用，能干扰疫苗的免疫应答反应。有的鸡场为防病而在免疫接种期间使用抗菌药物或药物性饲料添加剂，从而导致机体免疫细胞的减少，以至影响机体的免疫应答反应。

（5）器械和用具消毒不严　免疫接种时不按要求消毒注射器、针头、刺种针及饮水器等，使免疫接种变成了病原传播，而引发疫病流行。

第三节　蛋鸡场消毒知识

一、蛋鸡场消毒的意义

由于鸡群的不断补充和流动，人员、运输工具的迁移，饲养原材料的输入，空气、水流、蛋鸡排泄物等对养殖场环境的污染，养鸡场实行定期的严格消毒制度是预防和控制传染病发生、传播和蔓延的最好方法。只有制定和采取一整套严密的定期消毒措施，才能有效地消灭散播于环境、鸡体表面及饲养工具上的病原体，保证饲养的鸡群健康成长。

所谓"定期消毒"是指根据气候特点、本场生产实际，对鸡舍、舍内空气、饲料仓库、道路、周围环境、消毒池、鸡群、饮水等制订具体的消毒日期，在规定的时间进行消毒。如，每周1~2次带鸡消毒；周围环境每月消毒1~2次。

二、消毒方法

消毒是指用物理或化学等方法清除或杀灭物体中病原微生物，只要求达到消除传染性目的，而对非病原微生物及其芽孢、孢子并不严格要求全部杀死。消毒方法有生物消毒法、物理消毒法与化学消毒法三大类。

（1）生物消毒法　对生产中产生的大量粪便、污水等堆积在一起进行发酵处理，利用发酵过程中微生物生命活动所产生的热量杀灭其中的病原微生物。发酵可产生70℃以上的温度，能杀灭病毒、无芽孢菌、寄生虫虫卵等，以起到消毒作用。

（2）物理消毒法　即利用阳光、紫外线、干燥、高温（包括煮沸、火焰等）杀灭病原体。

①清扫、冲洗、通风、干燥。使用这些方法可以清除鸡舍及环境中存在的粪便、垫料、设备和用具上的大多数病原微生物，是一切消毒措施和程序的基础。

②紫外线照射。紫外线能使微生物体内的原生质发生光化学作用，使其体内蛋白质凝固，而达到杀死病原微生物的作用。包括阳光暴晒、紫外线灯的照射。

③高温。焚烧多用于抵抗力顽强的病原体及其引起的传染病

尸体和垫料污物等的消毒；煮沸和蒸汽多用于一般病原体的消毒。使用火焰进行焚烧和烘烤，是一种简单有效的消毒方法。粪便、垫料、污染的垃圾和病死鸡的尸体等，均可焚烧。鸡舍地面、金属笼具、砖墙等可以用火焰喷射，从专用的火焰喷射消毒器中喷出的火焰具有很高的温度，能有效杀死病原微生物。对各种金属物品、用具、玻璃器具、衣物等可进行煮沸消毒，其中，可加入少许碱，如苏打水或肥皂水等，以促使蛋白质、脂肪的溶解，防止金属生锈，提高沸点，增强消毒效果。也可用烘箱内干热消毒，或用高压蒸汽湿热消毒。

（3）化学消毒法　即利用化学药物的作用杀死细菌和病毒，以达到消毒目的。

①喷雾法或泼洒法。将消毒药配制成一定浓度的溶液，用喷雾器对需要消毒的地方进行喷雾消毒，或直接将消毒药泼洒到需要消毒的地方，如，带鸡消毒。

②擦拭法。用布块浸蘸消毒药液，擦拭被消毒的物体，如，对笼具的擦拭消毒。

③浸泡法。将被消毒的物品浸泡于消毒药液内，如，种蛋、食槽、生产工具的消毒。

④熏蒸法。常用的有福尔马林配合高锰酸钾对密闭的鸡舍、孵化机进行熏蒸消毒。

⑤饮水法等。

三、鸡场消毒

（一）环境消毒

1. 车辆消毒

鸡场门口设消毒池，池内放2%氢氧化钠溶液，每星期更换2次，水深为淹没过往车辆的轮胎。外来车辆用0.5%过氧乙酸喷雾消毒。

2. 道路及场地

每1~2周用2%氢氧化钠加0.1%季铵盐喷洒消毒1次。

（二）鸡舍消毒

鸡舍消毒的目的是给鸡群创造一个良好的干净舒适的环境，清除以往鸡群和外界环境中的病原体。养鸡生产中鸡舍消毒的好坏直接影响到鸡群的健康，必须做好鸡舍的消毒工作。鸡舍消毒分为空舍消毒和带鸡消毒，合理的鸡舍消毒程序如下。

1. 空舍消毒

首先，应清除舍内的粪便、垫料、死鸡及垃圾等，用高压水枪按从上至下顺序冲洗鸡舍棚、四壁窗户和门、鸡笼、饮水器（槽）、食槽及设备等。待干后，地面及1m以下的墙壁用2%~3%火碱刷洗，再用清水冲，风干后再对鸡舍从上至下喷雾消毒，将天棚、墙壁、地面及饲养用具喷湿。灭鼠，将灭鼠药撒入整个鸡舍。熏蒸消毒，将鸡舍封闭好，熏蒸24h再打开门窗和排风机通风，放出甲醛气味，大约通风1周。进鸡之前，再次对鸡舍内从上到下喷雾消毒一遍即可。

2. 带鸡消毒

首先，尽可能彻底地扫除鸡笼、地面、墙壁、物品上的鸡粪、羽毛、粉尘、污秽垫料和屋顶蜘蛛网等，再用清水将污物冲洗出鸡舍，提高消毒效果。冲洗的污水应由下水道或暗水道排流到远处，不能排到鸡舍周围。待干后再对鸡舍从上至下喷雾消毒，使天棚、墙壁、地面及饲养用具喷湿。

正常情况下，带鸡每周消毒最少一次（雏鸡每周2次）。周边有疫情时，每周至少2次，场内有疫情时，每天一次。消毒药可选用0.1%~0.2%过氧乙酸、1：（500~1 000）欧福或0.05%百毒杀，更换、交叉使用。喷雾应距鸡体50cm左右为宜。用量为30~50ml/m³。

（三）死鸡和鸡粪的处理

死鸡深埋或焚烧，鸡粪要做无害化处理（变沼气或堆积发酵）。

（四）人员消毒

凡进入生产区的人员，必须经过消毒间，到更衣室更换工作服及鞋帽后，方可进入生产区、养殖区。鸡舍应设立脚踏消毒盆，进入鸡舍者必须在此消毒。

工作人员的鞋帽及工作服每天要消毒 1 次，每周要清洗消毒 1 次。

在免疫前用 0.05% ~ 0.1% 新洁尔灭溶液消毒手。

第四节 隔 离

将鸡群控制在一个有利于防疫和生产管理范围内进行饲养的方法称为隔离。隔离是国内外普遍采用的最有效的基本防疫措施之一。

一、生产区之间和生产区内的布局

生产区之间不同的鸡群（祖代种鸡、父母代种鸡、孵化场、雏鸡、育成鸡、商品蛋鸡等）应进行隔离饲养。同一生产区内相邻鸡舍也应保持科学距离。同其他养禽场的距离会受到风向、气候、房舍式样等因素的影响；养禽场之间的最短距离到底应是多少很难确定。距离越远，传染疾病的可能性就越小。利用自然和人造屏障可以有效地进行隔离，这些屏障包括水域、小山、城镇、森林或中间的其他农业企业，如作物、蔬菜或水果生产场。如有条件，也应将各舍内的饲养人员和工具实行有效的隔离，以免窜鸡舍引起疾病的传播。

二、隔离设施

场内外围，特别是生产区外围应依据具体条件使用隔离网、隔离墙、防疫沟等建立隔离带，以防野生动物、家畜、其他禽类及无关人员进入生产区；生产区只能设置一个专供生产人员及车辆出入的大门；粪便收集和外运系统；此外还应在生产区的下风向处设立病鸡隔离治疗舍、引进种鸡隔离检疫舍、尸体剖检及处理设施等；有条件的还应在鸡舍内安装防鸟、防鼠设施等。

三、全进全出生产系统

从防疫的要求出发，在生产线的各主要环节上，分批次安排鸡的生产，认真做到"全进全出"，使每批鸡的生产在时间上拉开一定的距离，以进行隔离消毒，就可有效的切断疫病的传播途径，防止病原微生物在群体中形成的连续感染、交叉感染，也为控制环境和净化疫病奠定了基础。这一技术在规模化集约化养鸡业中应用的必要性日益迫切。

四、隔离制度

为了使隔离措施得到贯彻落实，必须依据本单位的具体条件制定严格的隔离制度。其要点应包含以下几个主要方面：本场工作人员、车辆出入场（生产区）的管理要求；对外来人员、车辆进入场（生产区）内的隔离规定；场内鸡只流动、鸡只出入生产区的要求；生产区内人员活动、工具使用的要求；粪便处理；场内禁养其他动物及禁止携带动物、动物产品进场的要求。

第五节　建立兽医卫生防疫制度

兽医卫生防疫制度是实现家庭农场蛋鸡健康养殖的重要环

节，建立健全各项卫生防疫制度是蛋鸡生产的有效保障。因此在生产过程中应坚持做到以下方面的内容。

①坚持"预防为主，防治结合，防重于治"的原则，防止动物疫病发生，提高养殖效益。

②家庭农场取得《动物防疫条件合格证》后，方可投入使用。

③家庭农场法人或兽医为动物防疫工作的主要负责人，认真组织做好各项动物防疫制度的落实工作。

④实行封闭管理，严格控制进出场人员。

⑤按照规定的免疫程序进行免疫，严格场区卫生消毒。

⑥蛋鸡调出前应在规定时间内向当地动物卫生监督机构报检。跨省引进的雏鸡等，应向输入地省级动物监督机构申请办理审批手续，取得检疫证明。对跨省引进的鸡群应按照国家规定进行隔离观察。

⑦发现病死蛋鸡，应及时隔离，同时立即向当地动物卫生监督机构报告。

⑧发生重大疫情，应按照当地政府要求协助开展疫情扑灭工作。

⑨场区内粪便、垫料、病死鸡只要按规定进行无害化处理。

⑩建立健全各项防疫档案，记录，至少保存两年。

第六节　蛋鸡场的其他防疫灭病措施

①鸡场周围要有围墙，鸡场要有门，鸡场生产区和鸡舍门口要设消毒池，池内配制2%火碱水或20%石灰乳等，消毒液要及时更换，经常保持有效浓度，严禁一切外来动物进入场内，严禁把外面购买的鸡的相关产品带入饲养区，闲杂人员和买鸡者不准进入鸡场，应尽量减少参观。

②鸡舍应保持通风良好，光线充足；鸡舍内外定期清扫，所有饲养用具应定期清洗消毒，经常保持清洁，饲槽定期清洗、消毒。

③根据鸡只的生长情况和生产需要，供给所需的全价配合饲料，经常注意检查饲料品质，禁止饲喂不清洁、发霉、变质的饲料，饲料加工厂也应具有防疫消毒措施。工作人员出入必须严格消毒、更衣、换鞋。

④鸡粪要堆积发酵或用蓄粪池发酵，利用生物热消灭粪便中的病原体、微生物，并提高肥效。

⑤定期给鸡驱除体内外寄生虫。

⑥蛋鸡养殖规模很大的家庭农场门口一侧设置进出人员消毒室和专职消毒人员，消毒室设置喷雾消毒器、紫外线杀菌灯、脚踏消毒池、熏蒸衣柜和场区工作服，有条件的鸡场还可设淋浴装置。对出入人员实施衣服喷雾、照射消毒和脚踏消毒。兽医人员和饲养人员在工作期间必须穿工作服和工作鞋，工作结束，工作服和工作鞋严禁带出场外（生产区）。工作服和工作鞋要经常消毒，保持清洁。

⑦经常出入鸡场的车辆，如运送饲料、药物或产品等的车辆，常被一些病原微生物污染，因此，为了防止病原微生物的传播，有必要对出入养殖场的车辆进行消毒。一般在养殖场的大门口建有消毒池或消毒通道，对进出车辆车轮进行消毒。大门口消毒池的长度应为进出车辆车轮的2个周长以上，以保证车轮能全部得到消毒，宽度应与入口大门等宽，深度以可浸入车轮轮胎高度的1/2为宜（一般不少于15cm）。

⑧为确保鸡场安全，防止疫病传入，在引进种鸡时，必须由非疫区购入，经当地兽医部门检疫，并签发检疫证明书，再经本场兽医验证、检疫，隔离观察2周，经检查健康者，方可混群。

第四章

家庭农场蛋鸡疾病诊断

第一节 发病蛋鸡场基本情况的调查与分析

了解鸡场的基本情况，是鸡病诊断的重要一环。有些疾病，通过调查和了解，基本可以确诊，例如，看到中毒剂量的用药处方或饲料配方；有些疾病通过调查和了解，可以为疾病的诊断指明方向，例如，在药房中看到已使用的失效疫苗或预防药物，明显失误的免疫程序等。调查了解的过程应在互相信任的气氛中，像朋友聊天那样轻松地交流，才能得到第一手真实的材料。

一、蛋鸡场基本情况

①农场养鸡的历史，饲养鸡的种类，饲养量，经济效益，人员文化程度和来源等。

②农场鸡舍的地理位置、环境，附近是否有养鸡场、畜禽加工厂或市场，是否易受冷空气和热应激的影响，排水系统如何、是否容易积水等。

③农场内各种建筑物的布局是否合理，育雏区、种鸡区、孵化房、对外服务部的位置及彼此间的距离，开放式或密闭式鸡舍，如何通风、保温和降温，卫生状况如何，采用何种照明方式。

④是笼养还是放牧，如何供料、供水，粪便如何清理等。鸡

群是否有放牧，牧地是否放养过发病的鸡群，是否施放过农药等。

⑤自配饲料还是从饲料厂购进，饲料质量如何，饲料是否有霉变结块等。

⑥饮水的来源和卫生标准，水源是否充足，是否缺水、断水。

⑦育雏是采用多层笼或单层平养，是地下保温还是地上保温，热源来源（煤气、煤、柴或炭），鸡苗来源、运输过程中是否有失误，何时饮水和开食，何时断喙。

⑧鸡群的生产记录，包括饮水、食料量、死亡数和淘汰数，1 个月龄鸡的育成率，蛋鸡的育成率、体重、均匀度及与标准曲线的比较，母鸡开产周龄、产蛋率、蛋重及与标准曲线的比较等。

⑨鸡场（群）近期内是否还有什么其他与疾病有关的异常情况。

二、疫病防治情况

①了解养农场的鸡病史，曾发生过疾病的种类和次数；由何部门作过何种诊断，采用过的防治措施以及达到的效果。

②本次发病鸡的种类，栋或舍数，主要症状及病理变化，诊断及治疗情况的描述。

③免疫接种情况，按计划应接种的疫苗种类和时间，实际完成情况，是否有漏接。疫苗的来源、厂家、批号，有效期及外观质量如何。疫苗在转运和保存过程中是否有失误，疫苗的选择是否合适；疫苗稀释量、稀释液种类及稀释方法是否正确，稀释后在多长时间内用完；采用哪种接种途径，是否有漏接或错接，免疫效果如何，是否进行过免疫监测等。

④药物使用情况，本场曾使用过何种药物，剂量和用药时

间，是个体投药还是群体投药，经饮水、饲料或注射给药，用药效果如何，过去是否曾使用过类似的药物，过去使用该种药物时，鸡群是否有不正常的反应。

第二节　临床诊断

对鸡病，尤其是重大疫病的诊断，最好都应到生产现场对鸡群进行临床的检查。如仅从送检人员的介绍和对送检病死鸡的检测作出诊断，有时可能会误诊，因为送检人员介绍病鸡的症状和病变不一定准确和全面，而送检的病死鸡不一定有代表性。对鸡群的临床检查包括群体检查和个体检查。

一、群体检查

1. 鸡群的动态

在安静状态下观察其身体状况，要多了解正常情况下鸡群的表现。

2. 个体鸡只的检查

动态情况下寻求个别特殊的鸡只，检查外观、羽毛、可视黏膜（天然孔附近）、皮肤、关节、眼鼻、泄殖腔、呼吸音等。

群体检查的目的主要在于掌握鸡群的基本状况。

在进入鸡舍后，可以轻轻地敲击铁桶等物品使发出突然的响声，此时如全群精神状况良好，则所有鸡只会停止采食、饮水和走动，凝视片刻，而病鸡则对声响毫无反应，闭目昏睡。

看看无反应或反应迟钝的病鸡占多少比例，可以粗略了解疾病的严重程度。

也可以拿一条小棍子，在鸡舍内边走边慢慢驱赶鸡只，健康的鸡只在你靠近之前早已走得远远的，而病鸡则走动笨拙或根本无反应。

也可以在早晨添加饲料和饮水时观察鸡群的状况，健康的鸡群在添加饲料时都拥挤到食槽边争食饲料，而病鸡对饲料毫无兴趣，呆立不动或啄食一下，停很久再啄一下。

在了解鸡群大体状况后，还要对鸡群作进一步仔细的观察，看看是否有以下异常。

1. 鸡群的营养和发育状况

体质强弱、大小均匀度；鸡冠鲜红或紫蓝、苍白，冠上是否长有水疱，痘痂或冠癣；羽毛的颜色、光泽、丰满整洁程度，是否有过多的羽毛断折和脱落，是否有局部或全身的脱毛或无毛，肛门附近羽毛是否有粪污等。

2. 有无神经症状的病鸡

如全身震颤，头颈扭曲，盲目前冲或后退，转圈运动，高度兴奋，不停走动，跛行，麻痹瘫痪，呆立昏睡，卧地不起等。

3. 眼鼻是否有分泌物

分泌物是浆液性、黏液性或脓性；是否有眼结膜水肿，上下眼睑粘连，脸面肿胀；有无咳嗽、异常呼吸音、张口伸颈呼吸和怪叫声，浅频呼吸，深稀呼吸，临终呼吸；口角有无黏液、血液或过多饲料粘着。

4. 食料量和饮水量如何

嗉囊是否异常饱胀；粪便呈圆条状或呈水样，粪便中是否有饲料颗粒、黏液、血液，颜色为灰褐、硫黄色、棕褐色、灰白色、黄绿色或红色，是否有异常恶臭味。

5. 鸡群发病数，死亡数

死亡多在下午、夜间或全日均匀，从发病到死亡的时间为几小时或毫无前兆症状而突然死亡等。

二、个体检查

对有病鸡群的个体有两种检测方式，一种是对一定数量的病鸡逐只进行检查。

另一种是随机拦截一小群逐只进行检查，分别记录检查结果，然后做统计，看看有某种症状病鸡的总数和所占比例，这对疾病的初步诊断很有好处。

个体检查包括以下几方面。

①体温的检查，用手掌抓住两腿或插入两翼下，感觉体温是否异常，然后将体温计插入肛门内，停留10min，读取体温值。

②皮肤的弹性、颜色正常否，是否有紫蓝色或红色斑块，是否有脓肿、坏疽、气肿、水肿，斑疹、水疱。

③眼结膜是否苍白、潮红或黄色，眼结膜下有无干酪样物，眼球是否正常；用手指压其鼻孔，有无黏性或脓性分泌物；用手指触摸嗉囊内容物是否过分饱满坚实，是否有过多的水分或气体；翻开泄殖腔注意有无充血、出血、水肿、坏死，或有假膜附着，肛门是否被白色粪便所粘结。

④打开口腔，注意口腔黏膜的颜色，有无疱疹、脓疱、假膜、溃疡、异物；口腔是否有过多的黏液，黏液上是否混有血液。一手打开口腔，另一手用手指将喉头向上顶可见到喉头和气管，注意喉气管有无明显的充血、出血，喉头周围是否有干酪样物附着。

三、蛋鸡常见症状和可能发生的疾病

临床检查蛋鸡疾病过程中可能看到很多症状，应将发现的症状和可能的疾病联系起来（参考第七章）。某一疾病的典型症状出现时，提示可能发生该种疾病。

第三节 病理学诊断

一、蛋鸡病理剖检的意义及诊断理论依据

（一）蛋鸡病理剖检的意义

尸体剖检简称尸检，是应用动物病理学的理论知识、技术以及其他有关学科的理论知识、技术来检查死亡动物尸体的各种变化，以诊断疾病的一种技术方法。通过对蛋鸡进行尸体剖检可以查出病变和病因，分析各种病变的主次和相互关系，确定诊断，查明死因，以利于临床及时总结经验，改进和提高临床诊疗水平。同时，通过蛋鸡尸体剖检可以尽快发现和确诊某些传染病、寄生虫病、营养代谢病、中毒性疾病等群发病和新发生的疾病，为防疫部门及时采取防制措施提供依据。因此，掌握蛋鸡尸体剖检技术，对于做好蛋鸡疾病的防制工作具有重要意义。

（二）病理学诊断疾病的理论依据

不同的疾病作用于机体，所引起的器官组织的病理形态学变化及其相互组合不同。所以，病理形态学变化常常是提示诊断的出发点，并成为建立诊断的重要依据。不同病原体引起的机体反应有其特异性，例如，新城疫病鸡的小肠黏膜枣核样出血、溃疡；痘病的痘疹；马立克氏病病鸡的内脏结节状肿瘤、坐骨神经不对称性肿胀等病变特点，都是具有证病意义的病变群，此即可作为诊断疾病依据。但是，值得注意的是，上述的特异性是相对的。虽然病原体不同，但机体对病原体的反应是有限的，即是个性与共性的问题。一方面，不同的疾病可引起相同的病变；另一方面，同一种疾病在不同的个体引起的病变可能不完全一致。同一种疾病即使是在同一个体的不同发展阶段表现也不一样。诊断不能只以一种诊断证据为依据，故提倡综合诊断。同时，在群发

病的诊断中要注意，不要仅以某一个个体的病变特点为依据下结论，要尽量多剖检，进行综合分析，抓主要矛盾。

二、病理剖检的一般原则

1. 剖检人员的组织和安排

病理剖检工作应由具有一定专业技术知识的兽医来执行，在剖检之前应做好人员安排，剖检工作的人员组成一般包括主检员1人，助检员1~2人，记录员1人，在场人员可包括单位负责人以及有关人员，若属于法兽医学剖检应有司法、公安人员以及纠纷双方法人代表参加。主检人是剖检工作质量的重要保证，一般应具有较高的专业水平，通晓兽医专业基础理论，尤其是病理学的理论和病理剖检技术。

2. 剖检用具的准备

手术剪、长镊、无齿镊、直尺、电子台秤、量杯、搪瓷盘、注射器、针头、棉花、棉花线绳、垃圾桶等。还应备有胶皮手套、滑石粉、工作服、胶靴、酒精灯、吸管、平皿、洗手盆、医用口罩和消毒药品。

3. 剖检地点的选择

家庭农场养殖应设有专门的病理剖检室，其场地选择应符合我国政府发布的环境保护法及兽医法的规定。最好建在与蛋鸡养殖区、公共场所、居民住宅、水源地和交通要道有一定距离（至少500m）的地方，以保证人和动物的安全，防止疾病扩散。

4. 剖检时间的要求

应尽早进行剖检，因为蛋鸡死后体内将发生自溶和腐败，夏季尤为明显。因死后自溶、腐败影响病变的辨认和剖检诊断的效果，以致丧失剖检价值。剖检工作最好在白天进行，因为白天在自然光线下才能正确的反映器官组织固有的颜色。在紧急情况下，必须在夜间剖检时，光线一定要充足，不能在有色灯光下剖检。

三、病理剖检的注意事项

1. 剖检前的要求

动手剖检前应详细了解尸体来源、病史、临床症状、治疗经过和临死前的表现。必要时还要请有关人员介绍病情及了解对尸检的要求，以便有目的、有重点地进行检查。

2. 剖检记录要求

剖检时，剖检者应认真细致地检查病变，客观地描述记录检查所见，切忌主观片面、草率从事。

3. 清洁、消毒和剖检人员的卫生防护要求

剖检人员在剖检前及剖检过程中应时刻警惕感染人畜共患传染病和尚未被证实而可能对人类健康有危害作用的病原微生物或寄生虫。因此，兽医人员在进行尸体剖检过程中，必须要穿工作服、戴乳胶手套和线手套以及工作帽、口罩，或防护眼镜，穿胶靴。兽医人员不慎发生外伤时应立即停止剖检，用碘酒消毒伤口后包扎。若血液或其他渗出物溅入眼内时，应用 2% 硼酸溶液洗眼。

在采取脏器和病变组织时，注意不要将血液、脓液和其他渗出物污染地面过大，以防止病原扩散。

每次解剖后，病理剖检室的地面及靠近地面的墙壁部分须用水冲洗干净。打开紫外线灯进行空气消毒，照射剂量不应低于 $90\,000\mu Ws/cm^2$，室内温度不低于 20℃，相对湿度不超过 50%，一般照射 30min。必要时可喷雾 2% 过氧乙酸 $8ml/m^3$（相当于 $0.16g/m^3$）密闭消毒 30min。

未经检查的脏器切面，不可用水冲洗，以免改变其原有颜色和性状。在检查病变过程中，如需要送检，应及时将采取的病变组织投入固定液内，备做病理组织学检查之用。

剖检患传染病的尸体后，应将衣物和器械上附着的脓液、血液等先用清水洗净，再用消毒液充分消毒，最后用清水清洗干净。胶皮手套消毒后，要用清水冲洗、擦干、撒上滑石粉。金属器械用后用清水冲洗干净，浸泡在 1∶1 000 苯扎溴铵（新洁尔灭）内含 0.5% 亚硝酸钠溶液中 4～6h，或浸泡在 10% 甲醛水溶液内消毒 2～4h，在甲醛液内浸泡时间不宜过长，以免损坏器械，消毒后用流水将器械冲洗干净，再用纱布擦干，涂抹凡士林或液体石蜡，防止生锈。

剖检人员双手先用肥皂水洗涤，再用消毒液冲洗，为了消除粪便和尸体腐臭味，可先用 0.2% 高锰酸钾溶液浸洗，再用 2%～3% 草酸溶液洗涤退去棕褐色后，再用清水冲洗。

四、影响病理变化的因素

1. 病原体的特性

细菌、病毒、支原体、真菌等不同种类的病原体，可引起不同的疾病，毒株（菌株）不同，对病变的形成具有重要意义。

2. 机体的状态

主要包括营养、免疫、年龄和品种等因素。如免疫与否，接种疫苗后抗体效价的高低对病变形成都有影响。雏鸡和成年蛋鸡患同一疾病，往往其病理变化也不尽相同，一般体质强壮的病变较典型。

3. 饲养管理条件

饲养管理的好坏与病变形成有一定的相关性。

4. 地理环境条件

同一疾病不同地区，可有不同程度的表现，尽管如此，疾病的性质不能变。

5. 用药与否

预防性投药，治疗用药，两者剂量有别，应注意分析判定，经过治疗后往往病变不典型。

6. 病程

病变形成需要时间，因此不同疾病病程也不尽相同。

7. 混合感染和继发感染

往往影响典型病变的形成和出现，剖检时应注意识别，总结时应辩证的分析。

五、蛋鸡死后变化的判定和识别

蛋鸡死亡后，各系统、各器官组织的功能和代谢过程均完全停止，由于体内组织酶和细菌的作用及外界环境的影响，组织的原有结构和性状发生一系列变化，叫做尸体变化或称为死征。死征是动物死后发生的，与生前病变无关，剖检时若不注意，易于与生前病变相混淆，影响诊断的可靠性。因此，学会正确的判定和识别尸体变化，对于正确的做出病理诊断十分重要。尸体变化（死征）包括以下几种。

1. 尸冷

尸冷是指动物死亡后，尸体温度逐渐降低至与外界环境温度相等的现象。尸冷的发生是因机体死亡后，产热过程停止，而散热过程仍继续进行。尸体温度下降的速度，在死后最初几小时较快，以后逐渐变慢。通常室温条件下，平均每小时下降1℃。尸冷受季节的影响，冬季寒冷将加速尸冷过程，而夏天炎热则将延缓尸冷过程。尸冷检查有助于确定死亡的时间。

2. 尸僵

动物死亡后，最初由于神经系统麻痹，肌肉失去紧张力而变松弛柔软。但经过很短时间后，肢体的肌肉即行收缩变为僵硬，肢体各个关节不能伸屈，使尸体固定于一定的形状，这种现象称为尸僵。尸僵的表现是关节僵直，不能屈伸，口角紧闭，难以开启。尸僵开始的时间，随外界条件及机体状态不同而异。尸僵的顺序是从头部→颈部→胸部→躯干→尾部，解僵的顺序与尸僵的顺序相反。

关于尸僵出现的早晚，发展程度，以及持续时间的长短，与外界因素和自身状态有关，周围气温较高时，尸僵出现较早，解僵较快，寒冷时则出现较晚，解僵较迟。急性死亡和营养状况良好的动物尸僵发生快而明显。死于慢性病和瘦弱的动物，尸僵发生慢且不完全。死前肌肉运动较剧烈，尸僵发生快而明显。死于败血症的动物，尸僵不明显或不出现。尸僵检查，对于判定动物死亡的时间和姿势有一定的意义。

3. 尸斑

动物死后，心跳停止，位于心血管内的血液，由于心肌和平滑肌的收缩而被排挤到静脉系统内，在血液凝固以前，血液因重力作用而流到尸体低位部的血管中，使这些部位呈暗红色，此现象叫尸体的坠积性充血。若死亡时间较久，红细胞崩解，将周围组织染成红色，称为尸斑浸润。根据尸斑可以推断动物死亡时躺卧的状态和死亡的时间。

4. 血液凝固

动物死后，血流停止，血液中抗凝血因素丧失而发生血液凝固，在心腔和大血管中可看到暗红色的血凝块。死后血凝块的特征是颜色暗红、表面光滑而有弹性，与心血管壁不粘连，应注意与生前凝血（血栓）的区别。贫血或濒死期长的动物，因死后红细胞下沉，血凝块上层呈淡黄色、下层呈暗红色。死于窒息的动物，因血中含有大量二氧化碳，血液常不凝固。死于败血症的动物，常血凝不良。

5. 自溶及腐败

动物死后各器官功能停止，组织代谢也随之停止，但组织细胞内酶的活性尚存，组织细胞在组织中蛋白水解酶的作用下发生自体分解，即为自溶。自溶在含酶丰富的内脏器官如肝脏、肾脏等发生较快，尤其是胃肠道表现得最明显。初期胃肠黏膜可自行脱落，严重时可发生穿孔。

组织自溶时产生的分解产物，为腐败微生物生长繁殖提供了良好的营养条件，随着时间推移，大量腐败菌生长繁殖，导致蛋白质彻底分解，产生大量气体如二氧化碳、氨气、硫化氢、尸胺等，因此，可见胃肠道充气，肝包膜下出现气泡，并具有恶臭。组织蛋白分解形成的硫化氢与血中的血红蛋白或从其中游离出的铁结合，生成硫化血红蛋白与硫化铁而使组织呈污绿色。尸体腐败使动物机体生前病变表现受到破坏。给剖检工作带来困难。所以，在动物死后应尽早进行剖检。

六、蛋鸡的尸体剖检

1. 外部检查

（1）天然孔的检查　注意口、鼻、眼等有无分泌物及其数量与性状。检查鼻窦时可用剪刀在鼻孔前将喙的上颌横向剪断，以手稍压鼻部，注意有无分泌物流出。视检泄殖孔的状态，注意其内腔黏膜的变化、内容物的性状以及周围的羽毛有无粪便污染等。例如，雏鸡患鸡白痢时，在泄殖孔的外口常有石膏样灰白色的粪团黏附或堵塞。

（2）皮肤的检查　视检头冠、肉髯，注意头部和其他各部的皮肤有无痘疮或皮疹。观察腹壁及嗉囊表面皮肤的色泽，检查有无尸体腐败的现象。检查鸡足时，要注意鳞足病及足底趾瘤（葡萄球菌感染）。

（3）检查各关节　有无肿胀，龙骨突有无变形、弯曲等现象。

（4）病鸡的营养状况检查　可用手触摸胸骨两侧的肌肉丰满度及龙骨的显突情况而判断。

2. 内部检查

体腔剖开：外部检查后，用1%的石炭酸溶液或清水将鸡羽毛打湿，拔掉胸腹和颈部羽毛，切开大腿与腹侧连接的皮肤，用力将两大腿向外翻压直至两髋关节脱臼，使鸡体背卧位平放于瓷盘上。由喙角沿体中线至胸骨前方剪开皮肤，并向两侧分离；再在泄殖孔前的皮肤作一横切线，由此切线两端沿腹壁两侧至胸壁作二垂直切线，这样从横切线切口处的皮下组织开始分离，即可将腹部和胸部皮肤整片分离，此时可检查皮下组织的状态。再按上述皮肤切线的相应处剪开腹壁肌肉，两侧胸壁可用骨剪自后向前将肋骨、乌喙骨和锁骨一一剪断。然后握住龙骨突的后缘用力向上前方翻拉，并切断周围的软组织，即可去掉胸骨，露出体腔。

剖开体腔后，注意检查各部位的气囊。气囊是由浆膜所构成，正常时透明菲薄，有光泽。如发现混浊增厚，或表面被覆有渗出物或增生物，均为异常状态。

检查体腔时，注意体腔内容物。正常时，体腔内各器官表面均湿润而有光泽。异常时可见体腔内液体增多，或有病理性渗出物以及其他病变。

脏器的采出：体腔内器官的采出，可先将心脏连心包一起剪离，再采出肝，然后将肌胃、腺胃、肠管、胰腺、脾脏及生殖器官一同采出。陷藏于肋间隙的肺脏及腰荐骨陷凹部的肾脏，可用外科刀柄剥离取出。

颈部气管的采出：先用剪刀将下颌骨、食道、嗉囊剪开。注意食道黏膜的变化及嗉囊内容物的份量，性状以及嗉囊内膜的变化。再剪开喉头、气管，检查其黏膜及腔内分泌物。

脑的采出：可先用刀剥离头部皮肤，再剪开颅顶骨，即可露出大脑和小脑。然后轻轻剥离，将前端的嗅脑、脑下垂体及视神经交叉等部逐一剪断，即可将整个大脑和小脑采出。

脏器的检查：检查的方法基本上和家畜相同。

心脏：将心包囊剪开，注意心包腔有无积水，心包囊与心壁有无粘连。心脏的检查要注意其形态、大小、心外膜状态，有无出血点。然后将两侧心房及心室剪开检查心内膜及观察心肌的色泽及性状。

肺脏：注意观察其形态、色泽和质度，有无结节，切开检查有无炎症、坏死灶等变化。

腺胃和肌胃：先将腺胃、肌胃一同切开，检查腺胃胃壁的厚度，内容物的性状，黏膜及腺体的状态，有无寄生虫。再剥离肌胃的角质膜，检查胃壁性状。

肠管：先注意肠系膜及肠浆膜的状态。空肠、回肠及盲肠入口处均有淋巴集结。肠管的中段处有一卵黄盲管，初生雏鸡可有一些未被吸收的卵黄存在。肠管的检查应注意黏膜和其内容物的性状，以及有无充血、出血、坏死、溃疡和寄生虫等。两侧盲肠也应该剪开检查，小鸡盲肠球虫病时可见明显的病变。

肝脏：注意观察其形态、大小、色泽、质度，有无肿大，表面有无坏死灶、坏死点、出血点、结节等。切开检查切面组织的性状。

脾脏：注意观察其形态、大小、色泽、质地、表面及切面的性状等。

肾脏：一对，分为三叶，境界不明显，无皮髓质区别，检查时注意其大小、色泽、质地、表面及切面的性状等。肾有尿酸盐沉着时，可见灰白色点，肿大。

胰腺：分为三叶，有 2～3 条导管，分别开口于十二指肠，与胆管开口相邻。注意检查有无出血、坏死等病变。

睾丸：成鸡注意其大小、表面及切面的状态。

卵巢和输卵管：左侧卵巢较发达，右侧常萎缩。输卵管与卵巢接近处为漏斗部，其后为蛋白分泌部。管身弯曲三次，黏膜呈白色，黏膜上有粘稠透明液，仔细观察，有大小不同的钙粒。形成卵膜处为狭部，卵壳形成处为子宫部。阴道部肌肉发达。检查卵巢时，注意其形态、色泽。正常时卵泡呈圆球形，金黄色，有光泽。当患急性传染病时，卵泡的表面常见有充血、出血，甚至卵泡破裂。成年母鸡患鸡白痢时，卵巢的卵泡可发生变形，颜色也转变为灰黄、灰白或深红不等。检查输卵管时，注意其黏膜和内容物的性状，有无充血、出血和寄生虫。

脑：注意脑膜血管有无充血、出血及切面脑实质的变化。脑组织的变化主要依靠组织学检查。

在给病鸡剖检时，常常见到病理变化，要对病变进行分析，与可能的疾病联系起来，反复分析，最后做出诊断。第七章的相关内容可为疾病的诊断提供方向。

七、剖检后的清洗消毒工作及尸体处理

1. 动物尸体的运送

运送动物尸体和病害动物产品应采用密闭的、不渗水的容器，装前卸后必须要消毒。

（1）运送前的准备　设置警戒线、防虫：动物尸体和其他须被无害化处理的物品应被警戒，以防止其他人员接近、防止家养动物、野生动物及鸟类接触和携带染疫物品。如果存在昆虫传播疫病给周围易感动物的危险，就应采取防控昆虫措施。如果对染疫动物及产品的处理被延迟，应选择有效消毒药品彻底消毒。

工具准备：运送车辆、包装材料、消毒用品。

人员准备：工作人员应穿戴工作服、口罩、护目镜、胶鞋及手套，做好个人防护。

（2）装运　包装：使用密闭、不泄漏、不透水的包装容器或包装材料包装动物尸体，蛋鸡可用塑料袋盛装，运送的车厢和车底不透水，以免流出粪便、分泌物、血液等污染周围环境。

（3）运送后消毒 在尸体停放过的地方，应用消毒液喷洒消毒。土壤地面，应铲去表层土，连同动物尸体一起运走。运送过动物尸体的用具、车辆应严格消毒。工作人员用过的手套、衣物及胶鞋等也应进行消毒。

2. 无害化处理方法

剖检完毕后，应根据疾病的种类妥善处理，基本原则是防止疾病扩散和蔓延，以免尸体成为疾病的传染源，剖检后的尸体可参照《病害动物和病害动物产品生物安全处理规程》（GB16548—2006）执行。该标准规定了畜禽病害肉尸及其产品的销毁、化制、高温处理和化学处理的技术规程。该标准适用范围，适用于国家规定的染疫动物及其产品，病死、毒死或死因不明的动物尸体，经检验对人畜健康有危害的动物和病害动物产品、国家规定应该进行生物安全处理的动物和动物产品。

（1）销毁 销毁的适用对象：一是确认为高致病性禽流行性感冒、鸡新城疫、肉毒梭菌中毒症、结核病的染疫动物以及其他严重危害人畜健康的病害动物及其产品。二是病死、毒死或不明死因动物的尸体。三是经检验对人畜有毒有害的、需销毁的病害动物和病害动物产品。四是从动物体割除下来的病变部分。五是人工接种病原生物系或进行药物试验的病害动物和病害动物产品。六是国家规定的应该销毁的动物和动物产品。

①掩埋法。掩埋法是处理畜禽病害肉尸的一种常用、可靠、简便易行的方法。本法不适用于患有炭疽等芽孢杆菌类疫病的染疫动物及产品、组织的处理。

选择地点：掩埋地应远离学校、公共场所、居民住宅区、村庄、动物饲养和屠宰场所、饮用水源地、河流、泄洪区、草原及交通要道，避开岩石地区，位于主导风向的下方，不影响农业生产，避开公共视野。

挖坑：挖掘及填埋设备，挖掘机、装卸机、推土机、平路机和反铲挖土机等，挖掘大型掩埋坑的适宜设备应是挖掘机。

修建掩埋坑：掩埋坑的大小取决于机械、场地和所须掩埋物品的多少；坑应尽可能的深（2～7m）、坑壁应垂直；坑的宽度应能让机械平稳地水平填处理物品，例如：如果使用推土机填埋，坑的宽度不能超过一个举臂的宽度（大约3m），否则很难从一个方向把肉尸水平地填入坑中，确定坑的适宜宽度是为了避免填埋后还不得不在坑中移动肉尸；坑的长度则应由填埋物品的多少来决定；估算坑的容积可参照以下参数：坑的底部必须高出地下水位至少1m，坑内填埋的肉尸和物品不能太多，掩埋物的顶部距坑面不得少于1.5m。

掩埋：一是坑底处理。在坑底洒漂白粉或生石灰，量可根据掩埋尸体的量确定（0.5～2.0kg/m²）掩埋尸体量大的应多加，反之可少加或不加。二是尸体处理。动物尸体先用10%漂白粉上清液喷雾（200ml/m²），作用2h。三是入坑。将处理过的动物尸体投入坑内，使之侧卧，并将污染的土层和运尸体时的有关污染物，如，垫草、绳索、饲料、少量的奶和其他物品等一并入坑。四是掩埋。先用40cm厚的土层覆盖尸体，然后再放入未分层的熟石灰或干漂白粉20～40g/m²（2～5cm厚），然后覆土掩埋，平整地面，覆盖土层厚度不应少于1.5m。五是设置标识。掩埋场应标志清楚，并得到合理保护。最后是场地检查。应对掩埋场地进行必要的检查，以便在发现渗漏或其他问题时，及时采取相应措施，在场地可被重新开放载畜之前，应对无害化处理场地再次复查，以确保对畜禽的生物和生理安全。复查应在掩埋坑封闭后3个月进行。

注意事项：一是石灰或干漂白粉切忌直接覆盖在尸体上，因为在潮湿的条件下熟石灰会减缓或阻止尸体的分解。二是掩埋工作应在现场督察人员的监督指挥下，严格按程序进行，所有工作人员在工作开始前必须接受培训。三是掩埋后的地表环境应使用有效消毒药喷洒消毒。

②焚烧法。将病害动物尸体或病害动物产品投入焚化炉或用其他方式烧毁炭化。焚烧法既费钱又费力，只有在不适合用掩埋法处理动物尸体时用。

③发酵法。这种方法是将尸体抛入专门的动物尸体发酵池内，利用生物热的方法将尸体发酵分解，以达到无害化处理的目的。

选择地点：选择远离住宅、动物饲养场、草原、水源及交通要道的地方。

发酵池建设：发酵池一般为圆井形，深 9 ~ 10m，直径 3m，池壁及池底用不透水材料制作成（可用砖砌成后涂层水泥）。池口高出地面约 30cm，池口做一个盖，盖平时落锁，池内有通气管。如有条件，可在池上修一小屋。尸体堆积于池内，当堆至距池口 1.5m 处时，再用另一个池。此池封闭发酵，夏季不少于 2个月，冬季不少于 3 个月，待尸体完全腐败分解后，可以挖出作肥料，两池轮换使用。

注意事项：一是发酵池盖平时要锁好，防止人员或动物跌入池内。二是要等尸体完全腐败分解后，再挖出作肥料。

（2）化制　适用对象：除了规定应该销毁的动物疫病以外的其他疫病的染疫动物，以及病变严重、肌肉发生退行性变化的动物的整个尸体或胴体、内脏。操作方法：利用干化机、湿化机，将原料分类，分别投入化制。

八、病料的采集、固定及运送

（一）病理组织材料的采集、固定及运送

在实际工作中，为了能全面正确地诊断疾病，需要采取病理材料送检化验，或确定发病死亡原因，为此下面将分别叙述各种病理材料的选取、固定、包装运送的方法及其注意事项。

1. 组织材料的选取

剖检者在剖检过程中，应根据需要亲自动手，有目的进行选择，不可任意地切取或委托他人完成。同时要注意：

①病理组织材料应及时固定，以免发生死后变化，影响诊断。

②切取组织材料时，在同一块组织中，应包括病灶和正常组织两个部分。

③各种疾病病变部位不同，选取病理材料时也不完全一样。遇病因不明的病例时，应多选取组织，以免遗漏病变。

④选取病理材料时，切勿挤压或损伤组织，即或是在肠黏膜上沾有粪便，也不得用手或其他用具刮抹。组织块在固定前最好不要用水冲，非冲不可时，只可以用生理盐水轻轻冲洗。

⑤先取的组织材料要求全面，能包括该器官的主要结构。如，肾组织应含有肾皮质、髓质、肾盂及包膜，肠应含有黏膜、浆膜等。

⑥选取的组织材料，厚度不应超过 $2 \sim 4mm$，才容易迅速固定。其面积应不小于 $1 \sim 3cm^2$，以便尽可能全面地观察病变。

⑦相类似的组织应分别置于不同的瓶中或切成不同的形状。如十二指肠可在组织块一端剪 1 个缺迹、空肠剪 2 个缺迹、回肠剪 3 个缺迹等，并加以描绘，注明该组织在器官上的部位，或用大头针插上编号，为以后辨认做准备。

2. 病理组织材料的固定

①为避免材料的挤压和扭转，装盛容器最好用广口瓶薄壁组织，如，胃肠道、胆囊等，可将其浆膜面贴附在厚纸片上再投入固定液中。

②固定液要充足，最好要 10 倍于该组织体积。

③固定时间的长短，依固定液种类而异，过长或过短均不适宜。如，用10%福尔马林液固定，应于 $24 \sim 48h$ 后，用水冲洗

10min，再放入新液中保存。

④在厚纸上用铅笔写好剖检编号（用石蜡浸渍），与组织块一同保存。瓶外也应须注明号码。

3. 病理组织的包装与运送

①如将标本运送他处检查时，应把瓶口用石蜡等封住，并用棉花和油布包妥，盛在金属盒或筒中，再放入木箱中。木箱的空隙要用填充物塞紧，以免震动，若送大块标本时，先将标本固定几天，以后取出浸渍固定液的纱布几层，先装入金属容器中，再放入木箱。传染病病例的标本，一定要先固定杀菌，后置金属容器中包装，切不可麻痹大意，以免途中散布传染。

②冬季寒冷时，为防止运送中冻坏组织，可先用10%福尔马林固定，以后再用30%～50%甘油福尔马林或甘油酒精固定运送。

③执行剖检的单位，最好留有各种脏器的代表组织，以备必要时复检之用。

（二）其他实验室诊断病料的采集、固定及运送

剖检者不但要注意病尸的形态学变化，而且需要研究病原微生物和各种毒物。因为有时形态学的变化比较轻微，而病原微生物检查或毒物的分析却能找到动物发病与死亡的原因，故剖检者要负责采集材料。如果要运送至外单位进行检查化验时，剖检者还应将采集的材料作初步处理，附上详细说明，方可寄送。

为了使结果可靠，采集病原材料等应在蛋鸡死后愈早愈好，夏天不超过24h，冬天可稍长一些。同时，各种材料的采集最好在剖开胸腹腔后，未取出脏器之前，以免受污染而影响检查结果。

在运送材料时，应说明该动物的饲养管理情况，死亡日期与时间，病料采集的日期与时间，申请检查之目的，病料性状及可疑疾患等，若疑为传染病，应说明鸡群发病率、死亡率及剖检所见。

1. 细菌学检查材料

采集细菌学检查用的病料，要求无菌操作，以避免污染。使用的工具要煮沸消毒，使用前再经火焰消毒。在实际工作中，不能达到要求时，最好取新鲜的整个器官或大块的组织及时送检。

在剖检时，器官表面常污染，故在采集病料之前，应先清洁及杀灭器官表面之杂菌。在切开皮肤之前，局部皮肤应先用来苏儿消毒；采取内脏时，不要触及其他器官。如果当场进行细菌培养，可用刀（剪）在灯上烤至红热，烧灼取材部位，使该处表层组织发焦，而后立即取材接种。

（1）心血 以毛细吸管或20ml的注射器穿过心房，刺入心脏内。普通注射器也可用于采血，但针头要粗些。

（2）实质脏器 采取组织块放于灭菌的试管或广口瓶中，取的组织块大小约$2cm^2$即可。若不是当时直接培养，而是外送检查时，组织块要大些；要注意各个脏器组织分别装于不同的容器内，避免相互感染。

（3）腹水、心包液、关节液及脑脊髓液 以消毒的注射器和针头吸取，分别注入经过消毒的容器中。

（4）其他 脓汁和渗出物用消毒的棉花球采取后，置于消毒的试管中运送。检查大肠肝菌、肠道杆菌等时可结扎一段肠道送检；或先烧灼肠浆膜，然后自该处穿破肠壁，用吸管或棉花球采取内容物检查，或装在消毒的广口瓶中送检。细菌性心瓣膜炎可采取赘生物培养及涂片检查。

（5）涂片或印片 此项工作在细菌学检查中颇有价值，尤其是对于难培养的细菌更是不可缺少的手段。普通的血液涂片或组织印片用美兰或革兰氏染色。结核分枝杆菌、副结核分枝杆菌等用抗酸染色。一般原虫疾病，则需作血液或组织液之薄片及厚片。厚片的做法：用洁净玻片，滴一滴血液或组织液于其上，使之摊开约 1cm 大小，平放于洁净的 37℃ 温箱中，干燥 2 小时后取出，浸于 2% 冰醋酸 4 份及 2% 酒石酸 1 份之混合液中 5～10min，以脱去血红蛋白，取出后再脱水，并于纯酒精中固定 2～5min，进行染色检查。若是本单位缺乏染色条件需寄送外单位进行检查时，还应该把一部分涂片和印片用甲醇固定 3min 后，不加染色一起寄出。此外，脓汁和渗出物也可以采用本方法。

（6）血液、脑脊髓液或其他液体　取作凝集试验、沉淀试验、补体结合试验及中和试验用的血液、脑脊髓液或其他液体，均需用干燥消毒的注射器及针头采取，并置于干的玻璃瓶或试管中。如果是血液，应该放成斜面，避免震动，防止溶血，待自然凝固析出血清后再送检或抽出血清送检。

（7）送检材料　均应保持正立，系缚于木架上，装入保温瓶中或将材料放入冰筒内，外套木（纸）盒，盒中塞紧锯末等物。玻片可用火柴棒间隔开，但表面的两张要把涂有病料的一面向内，再用胶布裹紧，装在木盒中寄送。

2. 病毒学病料

选取病毒材料时，应考虑到各种病毒的致病特性，选择各种病毒侵害的组织。在选取过程中，力求避免细菌的污染。病料置于消毒的广口瓶内或盖有软木塞的玻璃瓶中。

用于病毒检查的心血、血清及脊髓液应用无菌方法采取，置于灭菌的玻璃瓶中。冷藏在冰筒内送检。

疑为病毒性脑炎尸体，应在死后立刻将其头取下，置于不漏水的容器中，周围放冰块。也可以将脑剖开，切开两侧大脑半球，一半置于未稀释的中性甘油中，另一半放在 10% 福尔马林溶液中。用于 PCR 检测的病料应冷冻保存。

3. 毒物病料

死于中毒的动物，常因食入有毒植物，杀虫农药或因放毒或其他原因。送检化验材料，应包括肝、肾组织和血液标本，胃、肠、膀胱等内容物，以及饲料样品。各种内脏及内容物应分别装于无化学杂质的玻璃容器内。

为防止发酵影响化学分析，可以冰冻，保持冷却运送。容器须先用重铬酸钾—硫酸洗涤液洗，再用常水冲洗，再用蒸馏水冲洗2~3次即可。所取的材料应避免化学消毒剂污染；送检材料中切不可放入化学防腐剂。

根据剖检结果并参照临床资料及送检样品性状，也可提出可疑的毒物，作为实验室诊断参考，送检时应附有尸检记录。例如，疑似铅中毒，实验室可先进行铅分析，以节省不必要的工作。凡病例需要进行法医检验时，应特别注意在采取标本以后，必须专人保管，送检，以防止中间人传递有误。

第五章

家庭农场蛋鸡疫病综合防控
原则与措施

第一节　蛋鸡疾病的总体防治原则与措施

一、蛋鸡疾病的综合防治措施

我国要由农业大国变为农业强国，必须由植物农业向动物农业转变。鸡蛋作为蛋白质的重要来源，在提供动物食品方面起到了不可忽视的作用。目前，蛋鸡疾病，尤其是疫病已成为严重影响和制约蛋鸡养殖发展的门槛。要控制蛋鸡疾病，必须从育种、饲养管理、疾病防治、环境改善与生物安全建设等方面着手。我国养殖业历史悠久，地方品种资源也比较丰富，其中，有些地方品种具有耐粗、抗病力强、繁殖力高等优点。但地方品种的缺点是生长速度慢、生产性能低，因而导致我国每年都要从国外引进大量种禽，同时，也带入了大量的禽病。国外品种引进后，要适应新环境、气候、饲养方式等，环境条件的变化，也极易导致疾病的发生。我国改革开放以来，养殖业发展迅猛，饲养量快速增加，但养殖条件相对较差，因此，现代、传统与落后的饲养方式并存。如果没有严格执行疾病防治措施，加之气候变化、环境恶化、国外动物引进与交易频繁，国内动物流通无序等，必将导致蛋鸡疾病的频发。老病不但没有被消灭，新病不断出现，从而给

135

养殖业带来的巨大损失。因此，要从根本上改变我国动物疾病发生流行的复杂情况，必须建立近期、中期和长远计划，以开展动物疾病的防治工作。

从长远计划来看，蛋鸡疾病的防治首先必须从育种工作入手。育种工作应按照"外来品种本地化，本地品种国际化，商品系杂交选育"的原则进行，通过充分利用外来优势种禽基因资源和本地优势种禽基因资源，杂交培育新品种。国外品种引进后，必须进行本品种的不断选育与提高，使其适应本地的气候、环境和饲养条件，以实现外来优良品种本地化。本地品种也要不断的进行品种选育与提高，在保留原有的优质性状基础上，使其生产性能与抗病力都得到提高，形成地方特色明显的品种资源，走向国际化。在此基础上，用最好的外来品种与最好的本地品种进行杂交，培育出生产性能高，抗病、抗逆更强的杂交新品种。

从饲养管理入手，要防止蛋鸡疫病，必须坚持"养重于防、防重于治"的原则。必须认识到，只有把蛋鸡养好，给予其良好的生存条件和合理、先进的饲养管理程序，才能保障蛋鸡的健康并提高抗病能力。

从改善环境入手，减少蛋鸡疫病的发生。随着社会的进步与人们生活水平的提高，对环境的要求越来越高，例如，农场主首先必须考虑环保问题。解决养殖与环保的矛盾问题，根本办法和出路还是要走养殖业与种植业结合的道路。规模化养殖蛋鸡场的建设要考虑全封闭、自动化管理等。因为这样既可节省劳动力，又可提高鸡舍的空气质量与蛋鸡生长的环境条件，有利于疾病的控制。

蛋鸡疾病的防治必须遵循消灭传染源、切断传播途径与保护易感鸡群三大原则。首先，必须做好病原与病因的检测与诊断工作，只有把病原与病因搞清楚，防治工作才能有的放矢，并取得满意的效果，在此基础上进行传染源的控制工作，特别是种禽疾病控制与净化工作，减少和消灭传染源。对蛋鸡传染病与寄生虫的防治，切断传播途径至关重要。必须严格加强从国外引进鸡只的检疫工作，防止外来病的入侵和病原的带入。同时，更要加强国内禽类及产品流通领域的严格检疫工作，提高检疫水平，切断传播途径和阻止病原的散布与传播。强化禽类及其产品流动的监管，特别是活禽的流动监管。保护易感鸡群不仅仅是注射疫苗，而且要从提高鸡群整体健康水平角度全方位考虑。对于新发传染病要坚持执行"早、快、严、小"四字方针，即及早发现、快速反应、严格处置、小范围扑灭。把新发传染病消灭在初发状态，以免其扩散。对老的广泛流行并严重暴发的传染病，必须做到计划免疫，在此基础上开展病原的检测，或区分疫苗免疫鸡群与野毒感染动物的抗体鉴别检测，分群、隔离、淘汰带病鸡群，净化疾病。建立健康蛋鸡群，最终停止免疫，消灭某种传染病。

　　目前，蛋鸡疾病复杂，老病没有消灭，新病不断发生，病急乱投医现象严重。临床实践中，注射疫苗和用药比较混乱，要建议养殖业主遵循"少打针、少用药、环境友好、绿色健康养殖"的原则。少打针即少注射疫苗，疫苗不是注射的越多越好，非注射不可的疫苗一定要注射，可注射可不注射的疫苗就不注射。用药治病也是一样，非用不可的一定要用，可用可不用的就不用。用药最好是先把本场的病原分离鉴定，将病原体调查清楚，针对本场本地分离的病原进行药敏试验，然后再选择敏感的药物治疗，这样才能收到较好的效果。环境友好方面，除大环境外，蛋鸡机体的内环境也很重要，怎样提高蛋鸡自身的抗病力是关键。从农场蛋鸡养殖到餐桌，整个的生产加工链要做到无公害、无污染、绿色健康养殖，真正实现健康蛋鸡、健康食品、健康人类的新理念。

二、疫苗免疫的作用

传染病的控制原理主要是针对了传染病流行的三个环节：传染源、传播途径与易感动物。

疫苗免疫的主要作用是保护易感动物，而对于消灭传染源、切断传播途径作用不大。疫苗免疫是控制疫病的最后一道防线，而不是第一道防线。所以，联合国粮农组织（FAO）、世界卫生组织（WHO）、世界动物卫生组织（OIE）在防控 H_5N_1 亚型高致病性禽流感的指南中明确指出，完整的防控措施应包括：养殖场的生物安全，发生疫情时动物及其产品流通的限制，扑杀销毁感染动物，疫点隔离、封锁和消毒，谨慎使用疫苗。对高致病性禽流感、新城疫等疫病来说，疫苗免疫鸡群不能产生消除性免疫，既消除业已存在的病原体，或完全阻止强毒的感染和复制。疫苗免疫可以减少鸡发病死亡，减少病毒的载量，但不能阻止强毒的复制和排出。另外，禽流感是一种抗原变异很快的疾病，疫苗的防控作用受到限制，故消灭和控制疫病不能单纯或过分依赖疫苗。疫苗在疫病流行过程中可作为最后一道防线，但不能作为第一道防线，因此应正确认识疫苗的作用，改变那种疫苗可以抵挡一切疫病、可以解决一切问题的观念。

由于绝大多数疫苗不能够提供消除性免疫，所以现在对疫苗评价有一个新的趋向，即从临床保护和减少攻毒后的排毒率两方面来综合评价疫苗的免疫效果。如免疫新城疫疫苗后，临床保护率可能都是100%，但攻毒后的排毒率可能有很大差异。

第二节　加强蛋鸡疫病防控中生物安全工作

疫病问题已成为制约我国蛋鸡养殖业发展的瓶颈，不仅造成严重经济损失，使生产成本急剧上升，而且带来食品安全等公共卫生问题，影响公众的消费心理。因此，疾病问题严重影响我国蛋鸡养殖业的可持续发展。我国在蛋鸡疫病的防治方面与发达国家最大的差距表现在生物安全方面。

一、生物安全概述

2008 年，FAO/OIE/世界银行对养殖业的生物安全的概念是：为降低病原体传入和散布风险而实施的措施，它要求人们采取一系列的态度和行为以降低涉及家养和野生动物及其产品所有活动的风险。养殖业的生物安全又可分为用来避免（防止）病原体进入畜禽群或养殖场的外部生物安全和当病原体已存在时防止疾病在畜群或农场内向未感染动物散布或向其他农场散布的内部生物安全。

在农场水平的生物安全有三大要素：隔离、清扫、消毒。隔离是生物安全第一和最重要的要素，它涉及使可能感染的动物和污染的材料与未感染动物隔开。隔离被认为是为达到所需生物安全水平最有效的步骤。隔离是建立和维持一种屏障系统，以防止和限制感染动物和污染材料进入未感染区域的可能机会。隔离可防止大多数污染和传染。清扫是生物安全第二个最有效的步骤。大多数病原体污染含在黏附于被污染物表面上的粪、尿或分泌物中。清洗可除去污染的大多数病原体。必须对进入养殖场的车辆、设备等材料彻底清洗以除去可见的污物。生物安全最后一步是消毒。OIE 陆生动物卫生法典对消毒下的定义是："在彻底清洗后，用来破坏动物疫病包括人畜共患病病原体的方法；这些方法针对畜禽舍、车辆和直接或间接可能已污染的不同物件。"

二、我国在生物安全方面存在的问题和面临的主要任务

1. 我国养殖业发展过程中，在饲养数量增加的同时，养殖模式特别是生物安全水平未发生根本变化，饲养管理粗放

FAO 根据生物安全水平，将养殖场分为四类：第一类是具有高生物安全水平的工业化整合系统；第二类是具有中至高生物安全水平的商业化畜禽生产系统；第三类是仅有低至最低的生物安全的商业化畜禽生产系统；第四类是仅有最低生物安全的庭院式生产。根据这一分类，我国大多数的养殖企业处在低至最低生物安全的第三类和第四类，仅有少数企业能达到一类和二类的生物安全标准。形成鲜明对照的是发达国家的养殖业为高生物安全水平（第一类和第二类）的大型集约化饲养系统，甚至巴西和泰国等发展中国家的养禽业，其主体也是高生物安全水平的大型集约化饲养系统。

　　近年来，我国的蛋鸡养殖业在规模上有较大发展，每个经营单位其饲养数量增加较快，但生物安全水平未能有相应提高。另外，很多规模化的养殖企业被周边的庭院式养殖包围，生物安全措施也不能完全确保杜绝病原传入，疫病传入和发生的风险仍很大。以引进祖代种鸡鸡白痢检测情况为例，刚引进时，无鸡白痢，检出率为零，而在低生物安全水平的第三、第四类鸡场饲养，16～20 周龄检测，阳性率即达 1%，35～40 周龄检测，阳性率可达 20%～50%，66～72 周龄检测阳性率可高达 50%以上。

　　我国养殖业在发展过程中总体规划不够合理，有些地区的饲养密度过大。如，在一个县城范围内饲养数千万只蛋鸡，村连村、户连户的饲养，很难实施有效的生物安全措施，给疾病防治带来难度。

　　2. 我国种禽企业良莠不齐，准入制度不健全，总体水平不高，仅有一小部分达到第一类和第二类生物安全水平

　　在疾病防控方面，祖代和父母代存在较多的疾病问题，必然会影响到商品代。种禽业有三个突出问题：一是鸡白痢、支原体病和禽白血病等胚传疾病种鸡群的阳性率普遍较高，缺乏规范的

全国性的行业疾病净化和根除计划。这些病的阳性率从祖代、父母代到商品代不断放大，造成商品代很难饲养，我国为了控制育雏期的鸡白痢，只能依赖抗生素；而在发达国家中，这些病在种群中均已得到很好净化，如鸡白痢已根除多年。二是种禽使用的活疫苗带来外源病原体污染问题。我国大部分种禽，尤其是父母代种禽还不能完全使用真正 SPF 源的活疫苗，这就使一些经胚传播的病原体，如支原体、网状内皮组织增殖症病毒（REV）、呼肠孤病毒（ReoV）、禽白血病病毒（ALV）、鸡传染性贫血病毒（CIAV）等，由于活疫苗的使用而造成在种禽中的人工传播感染，商品代这些病的阳性率远高于国外鸡群。三是免疫程序有待优化，对一些重要传染病，种禽不能提供后代平均滴度较高、变异系数较小的母源抗体，给后代的免疫预防带来困难。发达国家的种禽疾病防控，主要靠生物安全，而疫苗和药物仅起辅助作用。我国蛋鸡养殖过程中存在过分依赖疫苗和滥用疫苗的现象，如种鸡和蛋鸡的新城疫免疫，在发达国家通常只免疫 3 次，而我国通常为 10 多次，有的达 20 次以上。

3. 我国对高致病性禽流感、鸡新城疫等重大疫病的防控存在认识误区，不能科学的认识疫苗在防控中的作用，不能科学的使用疫苗，而是过分依赖疫苗乃至滥用疫苗

绝大多数疫苗，如，预防鸡新城疫、高致病性禽流感等疾病的疫苗，都不能提供消除性免疫，既不能消除体内已经存在的病原体，也不能阻止强毒病原体的感染和复制（呼吸道、消化道或其他部位），仅能提供临床保护（不发生临床症状和死亡）并抑制强毒的繁殖（降低病毒载量）。而不同疫病的疫苗，在临床保护和降低强毒载量方面差异很大，同种疫苗对不同种动物的差异也很大。根据上述情况，对疫苗免疫效力的评价应增加新的内容，除考虑临床保护力外，还应增加疫苗免疫对强毒攻击后的消除能力（强毒载量和维持时间）。对于 H_5N_1 亚型禽流感等抗原

变异很快的疫病来说，疫苗的研制速度远赶不上病毒变异的速度。在我国有很多人存在"手中有苗，心中不慌"、"一针定天下"的错误观念，这违反了传染病防控的最基本原则，即必须在消灭传染源、切断传播途径和提高易感鸡群免疫状态等三个环节上形成合力，才能有效控制流行。因此，疫苗是疫病防控的最后一道防线，不能把它当作第一道防线，必须从消灭传染源和切断传播途径方面设防线。家庭农场养殖完整的防控措施应包括：养殖场的生物安全，发生疫情时动物及其产品流通的限制，扑杀销毁感染动物，疫点隔离、封锁和消毒，谨慎使用疫苗等。

第三节　蛋鸡场疫病防治的综合体系

生物安全与免疫接种、药物防治相辅相成。现代化饲养管理体系下的疫病防治中，生物安全已经和免疫接种、药物防治共同组成了疫病控制体系。良好的生物安全措施可以为免疫接种和药物防治提供一个良好的使用环境，提高免疫接种和药物防治效果。

一、生物安全体系的建立是鸡群传染病防治的第一道防线

生物安全措施已成为养殖业发达国家防治疫病的有效手段。生物安全是通过实施严格隔离、消毒和防疫等措施来预防和净化多种疫病，消除疫病威胁。伴随养殖业规模化、集约化的发展，蛋鸡始终受到病原的威胁，生物安全成为蛋鸡养殖业能否成功和获利的关键，它具有较大的经济意义。虽然生物安全措施需要一定投入，但比发生疫病后治疗费用、死亡淘汰、生产性能下降等造成的经济损失要小的多，所以，生物安全措施是经济的。生物安全措施已被国外养禽业发达国家采用而获得成功。生物安全可以针对所有疫病，采取高水平生物安全措施，可以保护鸡群免遭

病原微生物的侵袭，提高鸡群的生产性能和饲料转化率，降低鸡群的死亡率和养鸡业生产成本。

国内养殖业规模化、集约化的快速发展，以及家禽产品在国内外的广泛流通，为病原传播、疫病流行创造了条件。生物安全可以减少和避免疫病在国内和地区间广泛发生。我国近年来推行的"无规定疫病区"可以说是实施国内以及地区间的生物安全的尝试。

保持环境清洁卫生和消毒是生物安全措施的一个重要方面，如进行彻底清扫可减少约90%的病毒含量；如喷洒常规消毒剂可降低95%以上的病毒；如，进行福尔马林和高锰酸钾熏蒸，病毒和细菌的杀灭率可达99.9%。而免疫接种和药物防治只能针对某些疫病。因此，生物安全与免疫接种和药物防治疫病的范围有很大不同。

实践证明，通过可靠的生物安全措施，可以将传染性疾病降到最低限度。一位世界著名兽医专家早就指出："一个好的养禽经营者不需要知道那些过于详尽的传染病的理论知识，也不需要成为疾病治疗的专家。因为，通过一系列措施和有效手段可以把疫病拒之于禽场大门之外。"

二、免疫防治是蛋鸡传染病防治的第二道防线

疫苗接种是预防传染病的有效方法之一，但是免疫接种能否成功，不但取决于接种疫苗的质量、接种途径和免疫程序等外部条件，还取决于机体的免疫应答能力这一内部因素。接种疫苗后的机体免疫应答是一个极其复杂的生物学过程，许多内、外环境因素都影响机体免疫力的产生、维持和终止。因此，接种过疫苗的鸡群不一定都能产生坚强的免疫力。只有正确的使用疫苗，才能更好的发挥疫苗的免疫效果。

三、正确的诊断治疗是蛋鸡传染病防治的第三道防线

及时准确的诊断是预防和治疗蛋鸡疾病的重要前提和环节，要达到快速而准确的诊断，需要具备全面而丰富的疾病防治和饲养管理知识，运用各种诊断方法，进行综合分析。蛋鸡疾病诊断方法有多种，而生产实践中最常用的是：临床诊断检查技术、病理学诊断技术和实验室诊断技术。蛋鸡不同疾病的发生都有其自身的特点，只要抓住这些疾病的特点运用恰当的诊断方法就可以对疾病做出正确的诊断，进而采取正确可靠的治疗方案，才不致于怠误病情，使疾病及时得到控制。

第四节　我国动物疫病防治的相关法规

动物疾病的危害涉及农业、卫生、贸易、工商、经济等诸多方面，其防治必然需要政府各部门和社会各阶层的紧密配合与积极参与。在政府部门统一调控下，依法开展动物疾病防治工作，才能及时有效地控制动物疫病发生，减少对养殖业发展和人类健康造成的危害。改革开放以来，我国政府高度重视动物疾病防治法律制度的建设。1985 年国务院颁布了《中华人民共和国家畜家禽防疫条例》，标志着我国依法防治动物疫病的开始。1991 年全国人大常委会通过了《中华人民共和国进出境动植物检疫法》，使我国动物疫病防治工作迈入了国际化进程。1997 年全国人大常委会通过了《中华人民共和国动物防疫法》，全面推动我国动物防疫工作进入了法制化时代。加入 WTO 以来，我国先后经历了 2003 年的"非典"和 2004 年的高致病性禽流感疫情，国家及时颁布了一大批疫病防治方面的法律法规，包括《中华人民共和国传染病防治法》《兽药管理条例》《中华人民共和国畜牧法》等。为了适应新时期的要求，2007 年 12 月全国人大常委

会通过了新的《中华人民共和国动物防疫法》，并于 2008 年 1
月 1 日开始实施。同时，为贯彻《中华人民共和国动物防疫
法》，农业部出台了《动物检疫管理办法》《动物防疫条件审核
管理办法》《动物免疫标识管理办法》《动物疫情报告管理办法》
等配套规章和规范性文件，多个省（自治区、直辖市）制定了
地方性动物防疫条例或实施办法。这些法律法规对于规范动物疾
病防治工作，预防、控制和扑灭动物疫病，促进养殖业发展，保
护人类健康，发挥了重要的作用。

《中华人民共和国动物防疫法》根据动物疫病对养殖业生产
和人体健康的危害程度，将动物疫病分为 3 类（见附录五），发
生不同疫病时采取不同的措施。

1. 一类疫病

是指对人与动物危害严重，需要采取紧急、严厉的强制预
防、控制、扑灭等措施的动物疫病。发生一类动物疫病时，当地
县级以上地方人民政府、兽医主管部门应当立即派人到现场，划
定疫点、疫区、受威胁区，调查疫源，及时报请本级人民政府对
疫区实行封锁。疫区范围涉及两个以上行政区域时，由有关行政
区域共同的上一级人民政府对疫区实行封锁，或由各有关行政区
域的上一级人民政府共同对疫区实行封锁。必要时，上级人民政
府可以责成下级人民政府对疫区实行封锁。县级以上地方人民政
府应当立即组织有关部门和单位采取封锁、隔离、扑杀、销毁、
消毒、无害化处理、紧急免疫接种等强制性措施，迅速扑灭疫
病。在封锁期间，禁止染疫、疑似染疫和易感染的动物、动物产
品流出疫区，禁止非疫区的易感染动物进入疫区，并根据扑灭动
物疫病的需要对出入疫区的人员、运输工具及有关物品采取消毒
和其他限制性措施。疫点、疫区、受威胁区的撤销和疫区封锁的
解除，按照国务院兽医主管部门规定的标准和程序评估后，由原
决定机关决定并宣布。

2. 二类疫病

是指可能造成重大经济损失，需要采取严格控制、扑灭等措施，防止扩散的动物疫病。发生二类动物疫病时，当地县级以上地方人民政府、兽医主管部门应当划定疫点、疫区、受威胁区。县级以上地方人民政府根据需要，组织有关部门和单位采取隔离、扑杀、销毁、消毒、无害化处理、紧急免疫接种、限制易感的动物和动物产品及有关物品出入等控制、扑灭措施。

3. 三类疫病

是指常见多发、可能造成重大经济损失，需要控制和净化的动物疫病。发生三类动物疫病时，当地县级、乡级人民政府应当按照国务院兽医主管部门的规定组织防治和净化。

二三类动物疫病呈暴发性流行时，按照一类动物疫病处理。

第五节　蛋鸡场兽医公共卫生

一、概述

随着人类社会的进步和科学技术的发展，兽医的职责发生了深刻的变化。传统意义的兽医，其职责主要是防治动物疾病，为畜牧业健康发展保驾护航。现代的兽医，其职责已越来越多地体现在兽医公共卫生方面。1975 年 WHO 与 FAO 专家委员会将兽医公共卫生定义为"公共卫生活动的组成部分，其致力于应用专业兽医技能、知识和资源以求保护和改善人类健康"。1999 年 WHO 将兽医公共卫生的意义进一步拓展，概念为"通过理解和应用兽医科学对人类体质、精神和良好社会生存环境的所有贡献的总和"。兽医公共卫生包括联系人类－动物－环境的诸多方面，其核心内容包括人兽共患病的监测与控制、动物源性食品安全保障、实验室动物设施和诊断实验室的卫生管理、生物医学研究、环境保护、家养和野生动物群的管理以及公共卫生事件的管理等。

二、人兽共患病

(一)人兽共患病的概念

根据 WHO 和 FAO 专家委员会的概念，人兽共患病是指在人类和其他脊椎动物之间自然传播的疾病和感染，即人类和其他脊椎动物由同一种病原体引起的、流行病学上相互关联的一类疾病。这里提的"自然传播"是指人和其他脊椎动物都可以感染某种病原体，而且这种病原体可以在人和这些脊椎动物之间在自然条件下直接或间接进行传播。而"感染"是表明有些病原体侵入人和动物后不一定形成疾病，而可能仅引起不同程度的病理和生理反应。

世界上已知的人兽共患病有 250 多种，其中，对人有重要危害的约有 90 种。据 WHO 统计，60% 的已知传染病是人和动物共患的，75% 的新发现的人类疾病来源于动物或动物源性产品，80% 的生物恐怖病原是人兽共患的。因此，必须高度重视人兽共患病的防治，从源头上保障人类健康。

2009 年 1 月，农业部与卫生部联合颁布了《人兽共患传染病名录》，其中，包括牛海绵状脑病、高致病性禽流感、狂犬病、炭疽、布鲁氏菌病、弓形虫病、棘球蚴病、钩端螺旋体病、沙门氏菌病、牛结核病、日本血吸虫病、猪乙型脑炎、猪Ⅱ型链球菌病、旋毛虫病、猪囊尾蚴病、马鼻疽、野兔热、大肠杆菌病（O157：H7）、李氏杆菌病、类鼻疽、放线菌病、肝片吸虫病、丝虫病、Q 热、禽结核病、利什曼病。

(二)人兽共患病的流行及其危害

经过多年的努力，人类消灭了天花，我国有效控制或基本消灭了鼠疫、霍乱、鼻疽等烈性传染病。但近年来人兽共患病的发生和流行呈现新的特点，已被有效控制的一些人兽共患病发病率有较大回升，新发人兽共患病病原或"跨种感染"病原不断出现。这对公共卫生提出新的挑战，也对人民健康构成巨大的威胁。

1. "旧的"人兽共患病再度肆虐

近年来，一些已被有效控制或接近被消灭的人兽共患病卷土重来，大有蔓延之势。我国布鲁氏菌病、结核病、流行性乙型脑炎、血吸虫病、棘球蚴病等也屡有发病的报道，发病率也呈上升趋势。

2. 新发人兽共患病不断增加

新发人兽共患病是指新近被认识的或新发生的人兽共患病，或尽管以前发生，但近年来流行地区、宿主和媒介范围不断扩大的人兽共患病。新发人兽共患病对人类健康和社会有潜在的严重危害，并呈不断上升的趋势。禽流感病毒的易感动物本来为家禽和野生鸟类，但自 1997 年以来，接连发生感染人而致病或致死的报道。据 WHO 报告，截至 2011 年 5 月 13 日，禽流感已造成全球 553 人发病，323 人死亡。

无论是新发的人兽共患病，还是再度肆虐的"旧的"人兽共患病，其流行原因主要包括以下几个方面。

①随着人口数量的增加及人类活动范围的扩大，动物栖息地和自然生态环境不断被改变，野生动物和病原生物之间自然进化的稳定状态被破坏，导致一些本来与人不直接接触的病原直接与人亲密接触。

②畜禽的高密度、集约化饲养，各种应激因素和兽药的滥用，改变了动物机体的免疫状态，导致病原微生物大量繁殖，并在动物群中迅速传播，且不断发生遗传变异。而大量的疫苗免疫和抗生素的滥用，加快了其变异的速度，不断产生抗原性和耐药性改变的菌（毒）株。

③国际贸易和人员往来不断增加，特别是动物及动物产品在国际上频繁流动，疫病跨地区、跨国界传播的速度也迅速加快，呈现全球化趋势。

④人类活动对气候和土壤等自然生态环境的改变，也改变了生物生存环境和生物种群之间的相互关系，使人时刻受到动物、食品和环境等传播疾病的威胁。

（三）人兽共患病的防治

1. 提高对人兽共患病的认识

新中国成立以来，党和政府高度重视大规模传染病的防治，对许多疾病进行了有效的计划免疫，加之生活水平和个人防护意识的提高，大规模传染病很少发生，导致人们对传染病有所忽视，相关的科学研究、硬件配置、人员数量及技术培训等投入严重不足，严重削弱了应对突发性公共卫生事件的能力。再者，广大人民群众甚至临床医务人员对禽流感、疯牛病等动物源性人兽共患病普遍不了解，难以进行有效防治。因此，必须提高对人兽共患病的认识。

2. 加强兽医对人兽共患病的监测

回顾近期发生的一系列动物源性病原感染人的事件，在绝大多数情况下，人的感染出现在动物感染之后，如，人感染禽流感病毒是在禽类暴发禽流感时发生。因此，只有加强兽医对人兽共患病的监测，掌握其发生发展规律，才能预先采取相应措施，防止人类感染发病。

3. 重视人兽共患病的严格控制

许多人兽共患病传染性强，流行快，一旦发病往往迅速蔓延，造成严重危害。因此，当发现动物发生人兽共患病时，必须及时采取严格扑杀、销毁、封锁、隔离治疗、消毒、紧急免疫等控制措施，避免疫情蔓延，造成更大危害。

4. 加强兽医和人医领域的广泛协作

许多人兽共患病的发生是由动物传染给人所造成的，但长期以来，兽医和人医科技工作者之间缺乏必要的合作，难以应对众多人兽共患病病原的威胁。近年来，随着禽流感、猪链球菌病等疫情的流行，兽医和人医之间的协作已经建立并初见成效，"同一个健康，同一个医学"的概念逐渐被接受。进一步加强二者之间在政策制定、疫病监测、技术攻关、信息共享等方面的广泛协作，也是有效防治人兽共患病的重要措施。

三、动物源性食品安全

动物源性食品是指来源于动物的食品，包括肉、蛋、奶、水产品及其制品等。随着动物源性食品在消费者的食品中所占的比例日益增多，其安全性也受到高度关注。然而，近年来频频出现的食品安全事件，严重影响了人们的身心健康，也造成了社会的恐慌。许多人兽共患病可通过动物源性食品传播，动物源性食品中的有害因素也可造成食源性感染或中毒。因此，必须高度重视动物源性食品的安全监督与管理。

（一）影响动物源性食品安全的主要因素

1. 生物性因素

动物源性食品来自畜禽或水生动物，其生产、加工、运输、贮藏、销售、烹调等环节均可受各种有害生物的污染。有害生物污染动物源性食品后，可导致食品腐败变质，食用价值和营养价值丧失，甚至产生有害产物，危害人类健康；更重要的是可导致食源性疾病发生，严重威胁人类健康。许多病原菌可通过动物源性食品对人类造成威胁。沙门氏菌、空肠弯曲菌、单核细胞增多性李氏杆菌、金黄色葡萄球菌等污染的动物源性食品可引起人类食源性中毒。有的寄生虫可通过动物食品感染人。弓形虫可存在于猪、禽等多种动物体内，可通过动物源性食品造成人类感染。

2. 化学性因素

随着化学物质的广泛应用，一些有毒化学物质以液滴、气雾或颗粒等形式存在于环境中，直接污染动物源性食品，或在动物体内蓄积而间接污染动物源性食品，影响人类健康。化学性因素所涉及的范围较广，主要包括以下几类：

（1）兽药残留　在动物养殖过程中，为了防治疾病和促进生长，常常需要使用兽药。如果兽药使用不合理，包括兽药选择不当、使用剂量过大、盲目使用新兽药、不遵守休药期规定等，常常造成动物源性食品中的兽药残留，从而带来不同程度危害。

①细菌耐药性的产生。目前，临床耐药菌株已广泛形成，而广谱耐药菌或超级细菌的危害更为严重，加大了预防和治疗的难度，影响了动物和人类健康。

②机体菌群失调。进入机体内的残留兽药会导致肠道菌群平衡紊乱，破坏正常机能，降低机体抵抗力。

③过敏反应。长期接触低浓度的兽药会导致机体对这类药物产生过敏反应，造成不可预测的危害，甚至威及生命。

④特殊毒性。如，磺胺类药物可导致肾功能障碍等。因此，必须加强动物源性食品生产各环节兽药残留的监管工作。

（2）农药污染　农药在种植业中的广泛使用对于增产增收、抗虫去病等发挥了重要作用，但其对动物源性食品的污染及造成的危害也日益受到关注。如有机氯农药可引起脑神经衰弱、肿瘤等严重危害；有机磷农药可引起急性中毒死亡或慢性神经机能紊乱；灭鼠药氟乙酰胺可导致人死亡等。

（3）食品添加剂　食品添加剂的超量或不合理使用，甚至不允许添加的化学物质被用作食品添加剂，往往可造成严重危害。亚硝酸盐是常用的发色剂和防腐剂，其不合理使用可造成急性缺氧死亡或慢性多器官肿瘤。

此外，环境化学污染物（如二噁英、多氯联苯、汞、铅、镉等）、放射性因素和转基因食品的安全性问题以及掺假伪劣食品的安全性问题等同样值得关注。

（二）动物源性食品的安全性评价指标

1. 动物源性食品中生物性因素的评价指标

（1）细菌总数　常用菌落总数表示，是指食品样品经处理后，在严格规定条件下培养，使适应条件的每个活菌必须而且只能生成一个肉眼可见的菌落，计数所得 $1g$、$1ml$ 或 $1cm^2$ 被检样品中所含细菌菌落的总数即为该食品的菌落总数。细菌总数可反映食品污染程度，也可用于预测食品贮存程度和时间。

（2）大肠菌群数　大肠菌群指一群 $37℃$、$24h$ 内能发酵乳糖、产酸、产气、需氧或兼性厌氧的革兰氏阴性无芽孢杆菌，包括大肠埃希氏菌属、枸橼酸杆菌属、克雷伯氏菌属及肠杆菌属等。食品中大肠菌群数以每 $100ml$ 或 $100g$ 检样中大肠菌群数（MPN）表示。大肠菌群数可反映食品受粪便污染的程度，也可间接反映食品受肠道致病菌污染的可能性。

（3）致病菌　食品中的致病菌主要指肠道致病菌和致病性球菌，包括沙门氏菌、志贺菌、致病性大肠杆菌、副溶血弯曲菌、小肠结肠炎耶尔森氏菌、空肠弯曲菌、葡萄球菌、肉毒梭菌、产气荚膜梭菌、蜡样芽孢杆菌及变形杆菌。国内外都有严格规定，食品中不得检出致病菌。

2. 动物源性食品中化学性因素的评价指标

（1）日许量（ADI）　即人体每日允许摄入量，指人终生每日摄入某种药物或化学物质而对健康不产生可察觉有害作用的剂量。

（2）最高残留限量（MRI）　指允许在食品中残留药物或化学物质的最高量或浓度。

（三）动物源性食品安全的监督与管理

由于影响食品安全的因素可来自食品生产到消费过程中的任何环节，单纯依靠传统感官检查和终产品抽样检验远不能得到有效保障。国际食品法典委员会（CAC）、世界动物卫生组织（OIE）等国际组织积极进行食品安全监控措施方面的研究，实现"从农场到餐桌"全过程食品安全监控，形成政府、企业、科研机构、消费者共同参与的监管模式，是保障动物源性食品安全的有效措施。

1. 加强政府的监控和管理

必须加强动物源性食品安全生产的法制建设和全程监管力度，重视动物源性食品中有害物质的监管，注重不同部门之间的配合协调，开展食品安全的风险分析和防治体系研究，提高食品安全相关人员的综合素质，强化食品安全违法事件的处理力度。

2. 加强养殖环节的管理

养殖场选址和建筑布局、生产设备、垫料、粪便及污水的处理等应符合防疫和环境保护要求，加强养殖场环境中有害生物和化学物质的监测，避免受到周围环境的污染及对周围环境的污染。加强饲养管理，保证饲料和饮水的质量，提高动物抵抗力；加强饲养场的兽医卫生管理，加强疫病的防治和监测预警，发生疫情时严格进行处理；严禁使用违禁药物和添加剂，合理、规范使用兽药，严格遵守休药期规定。

3. 加强屠宰加工环节的监督管理

屠宰加工企业应远离污染源，且不影响人、动物和周围环境安全，并加强屠宰加工企业环境中有害生物和化学物质的监测。加强屠宰加工过程中的兽医卫生监督，屠宰动物及其产品的检验、检疫，以及污水和废弃物的无害化处理。

4. 加强流通环节的监督管理

注意运输工具和贮藏仓库的卫生要求，加强食品入库和出库时的严格检验，确保运输与储存食品的质量。重视食品销售单位或个人的资质要求，保障销售动物及动物源性食品的质量，严禁销售病死及假冒伪劣食品。

四、个人生物防护

从事兽医临床的疫病监测实验室的选址和建筑布局应考虑生物安全防护，并制定严格的生物安全管理规定。兽医工作过程中要高度重视生物安全防护，如发现动物疫情，应及时进行通报并采取应急措施、严格处理发病和死亡的动物及其产品，在从事动物剖检时，应按照规定穿戴防护装备等。实验室工作人员在处理病原生物、含有病原生物的实验材料时，应在指定实验室进行，并配备防护帽、护目镜、口罩、工作服、手套等个体防护用品，确保实验对象不对人、动物和周围环境造成污染，严格做好日常预防性消毒和特殊事件发生时的紧急消毒工作。动物尸体及动物产品、污染的用具、废弃物及废水必须按规定进行严格生物安全处理。

第六章

家庭农场蛋鸡疾病

第一节　病毒性疾病

一、新城疫

新城疫（ND）是由新城疫病毒（NDV）引起的一种禽的急性、高度接触性传染病，典型 ND 主要特征为呼吸困难、下痢和神经症状，主要病变为腺胃及腺胃乳头出血、腺胃和肌胃交界处出血、肠淋巴滤泡出血或溃疡，泄殖腔黏膜出血。ND 是世界动物卫生组织（OIE）列为危害禽类的两种 A 类疫病之一，又称亚洲鸡瘟（伪鸡瘟）。

尽管世界各国对新城疫采取了严格的防控措施，如，疫苗接种、对强毒感染禽类的扑杀、限制使用中等毒力疫苗及强制性免疫等措施，但它仍然是目前最主要和最危险的禽病之一。

（一）流行特点

鸡、火鸡等禽类都能感染，鸡最易感。主要传染源为病鸡及间歇期带毒鸡。主要传播途径为消化道、呼吸道，人、饲养用具及运输车辆等其他工具可机械性传播病原。一年四季均可发生，但以春秋两季最多。各种日龄的鸡均可感染，但幼雏和中雏易感性最高。若抗体水平低或没有免疫接种的鸡群，病死率高达75%~100%，免疫鸡群病死率在3%~40%。本病毒存在于病鸡所有组织和器官内，包括血液、分泌物和排泄物，以脾、脑、肺含毒量最多，骨髓中含毒时间最长。

（二）临床症状

临床上根据病情的严重程度分为典型新城疫和非典型新城疫。

1. 典型新城疫

潜伏期一般为3～5天，根据临床表现和病程的长短，可分为最急性、急性、亚急性或慢性型。最急性型：突发病，常无特征症状而迅速死亡，多见于流行初期和雏鸡。急性型：体温高达43～44℃，食欲减退或废绝，有渴感，精神萎靡、不愿走动，垂头缩颈或翅膀下垂，眼半开或全闭，状似昏睡，张口呼吸（彩图1）。蛋鸡产蛋停止或产软壳蛋。后期出现神经症状，如腿、翅麻痹，运动失调，原地转圈、"观星"（彩图2）等症状，终因消瘦而死亡。

2. 非典型新城疫

初期与急性新城疫相似，其发病率和死亡率低，死亡持续时间长，临床症状表现不明显。

产蛋鸡：蛋鸡群发病后，精神及采食量基本正常，仅出现一过性拉稀；发病5～7天后出现瘫痪、扭颈、观星、摇头、头点地等神经症状。发病7～10天后，产蛋率下降到最低点。非产蛋鸡可能会出现不同程度的呼吸道症状，有些仅见摇头、咳嗽，甚至只有在安静情况下才能听到轻微的呼吸道啰音，个别出现明显的呼吸困难等。

（三）病理变化

本病主要表现为全身败血症。

1. 典型新城疫

病鸡嗉囊内聚集酸臭味、混浊的液体。病死鸡内脏的浆膜面、黏膜出血。喉头和气管充血、出血，内有大量黏液。腺胃黏膜肿胀、出血（彩图3），腺胃乳头和乳头基部出血，食管与腺胃交界处、腺胃和肌胃交界处出血，肌胃角质层下出血或溃疡。小肠淋巴滤泡形成枣核样的出血斑或纤维素性坏死灶，略高于黏膜表面，严重时出现溃疡，尤以十二指肠升段1/3处、卵黄蒂后2~5cm处和两盲肠中间段回肠的前1/3处病变明显（彩图4）。盲肠扁桃体肿大、出血、坏死，直肠黏膜皱褶呈条状出血或黄色纤维性坏死点，泄殖腔黏膜出血。腹部脂肪和心冠脂肪有时可见针尖大出血点。肾稍肿，因输尿管有尿酸盐沉积而形成"花斑肾"。产蛋鸡卵泡充血、变性、坏死，或卵泡破裂最后形成卵黄性腹膜炎。

2. 非典型新城疫

病鸡主要表现为黏膜卡他性炎，喉头、气管黏膜充血，腺胃乳头出血少见，多剖检病鸡、死鸡，才可见少许出血点，肠淋巴滤泡肿大、出血，直肠黏膜、盲肠扁桃体多见出血变化。

（四）诊断要点

根据本病的流行特点、临床症状、病理变化对典型新城疫可以确诊。但是非典型新城疫因病变不明显，即使症状和病变明显，但不会同时出现在一个病例上，因此，应多检查病死鸡，重点观察腺胃和肠道的特征变化，综合所有的病变，然后结合流行特点、临床症状及实验室HI抗体检测进行综合判断，若抗体水平参差不齐，则可考虑本病。

（五）防控技术

防制的原则　以推行生物安全措施为主，免疫预防为辅的综合防制措施。

1. 加强饲养管理与环境消毒

加强饲养管理，增强鸡的体质。重点是饲养密度适当，通风良好，选优质全价饲料，适当增加维生素用量。

严格执行消毒制度，切断病原的传播途径。如，鸡场进出口设置消毒池，做到临时消毒与定期消毒相结合。

2. 正确选择疫苗种类及接种途径

合理预防接种，增强鸡群的特异免疫力，以抵抗病毒的感染。

常用疫苗：

第一种：Ⅰ系疫苗，属中等毒力苗，用于两次弱毒苗免疫鸡或2月龄以上鸡；可肌内注射或刺种；可用于疫区紧急接种。接种后24～48h就会产生免疫力，免疫期6个月，产蛋期间的母鸡不能接种该疫苗。研究表明，国内已发现由疫苗株Mukteswar自然进化而来的返强毒株，因此，建议必须停止使用中等毒力疫苗以免造成更大的危害。

第二种：Ⅱ系、Ⅲ系和Ⅳ系弱毒疫苗。现多用Ⅳ系疫苗，初次免疫时用于雏鸡的滴鼻和点眼，免疫期1～2个月。

第三种：鸡新城疫克隆30、Ulster 2C株二价疫苗，具有免疫力好、安全性高、免疫后无毒残留的特点，对有出口贸易的鸡场雏鸡免疫极为有利。

第四种：新城疫油佐剂灭活苗（LaSota株），皮下注射，雏鸡0.2ml/只，成鸡接种0.5ml/只。

第五种：ND（新城疫）-IB（鸡传染性支气管炎）二联油佐剂灭活苗，免疫期200天以上，种鸡和蛋鸡于40日龄左右第一次接种0.3ml/只，开产前第二次接种0.5ml/只。

3. 进行免疫检测

科学的方法是建立免疫监测制度，根据HI抗体测定结果，确定首免和再次免疫时间。首免后10～14天，抽检免疫鸡HI抗体水平。抽样比例：大鸡群按0.2%，500羽鸡群按3%～5%。以后每隔3～4周抽检一次，使用Ⅰ系疫苗的鸡群，每隔2个月抽检一次，以判定疫苗的免疫效果。

4. 发生疫情时采取的防制措施

发生新城疫时，应向有关部门报告疫情，并严格隔离病鸡，将病死鸡进行深埋或焚烧，对被污染的场地、物品、用具进行彻底消毒，同时，对没有发病的鸡群进行紧急接种。

二、禽流感

禽流感（AI）是由 A 型禽流感病毒引起多种家禽及野生禽类发病的一种高度接触性传染病，又名欧洲鸡瘟或真性鸡瘟，被世界动物卫生组织（OIE）定为 A 类传染病，是目前严重危害养禽业的一种传染病。

鸡感染流感病毒后，若表现为轻度的呼吸道症状、消化道症状，死亡率较低；若表现为较严重的全身性、出血性、败血性症状，死亡率较高。根据禽流感病毒致病性的不同，可以将禽流感分为高致病性禽流感、低致病性禽流感和无致病性禽流感。最近国内外由 H_5N_1 亚型病毒引起的禽流感多为高致病性禽流感，发病率和死亡率都很高，危害巨大。

（一）流行特点

禽流感病毒的宿主广泛、流行范围广、传播速度快、发病快。一年四季均可发生，以冬季和春季较为严重。传染源主要是病鸡和带毒鸡。经呼吸道和消化道感染，主要通过粪便中大量的病毒污染空气而传播。传播的主要因素为饲养管理技术人员流动人员和往来车辆、迁徙的候鸟等。低致病性禽流感在临床中常与新城疫、大肠杆菌病等疾病混合感染，会增加家禽死亡的可能性。

（二）临床症状

潜伏期从数小时到数天，最长的可达 21 天。

潜伏期的长短受多种因素的影响：如病毒的毒力、感染的数量、机体的抵抗力、日龄大小和品种、饲养管理状况、营养状况、环境卫生、并发症及有无应激条件。

1. 高致病性禽流感

突然死亡，不表现明显临床症状，鸡就成批死亡。当有的鸡群出现临床症状时，已死亡过半。一般发病 5～6 天后，鸡群所剩无几，最快的 2 天即可全群覆灭，没有任何临床表现。有明显的特殊症状：先肿头、肿眼睛，并波及到鸡冠、肉髯，冠和肉髯肿胀大、发绀（彩图 5），严重时边缘出血、坏死，如烧焦样。发病后 3～5 天后，出现脚鳞出血（彩图 6）。有动物感冒相同症状：流泪、喘、咳嗽、打喷嚏、流鼻液、呼吸困难、气管啰音。有禽类高热性传染病相同症状：体温升高，精神沉郁，食欲减退或拒食，垂头卷缩，羽毛逆立，扎堆，嗜睡，下痢，产蛋率急剧下降，一天下降 2～3 成，或更多，同时可见产软壳蛋、薄皮蛋、畸形蛋增多，偶见后腿麻痹、共济失调等。

2. 低致病禽流感

在自然条件下，较弱的毒株感染鸡群时仅引起轻微的呼吸道和消化道症状。高产蛋鸡多发，主要表现为发病慢、传播快，基本不出现死亡，多数鸡精神状态和食欲基本正常，病鸡排黄绿色稀粪，有的在夜间安静时能听到打呼噜、咳嗽的声音。

蛋鸡产蛋率下降较缓慢，一般经过 7～10 天产蛋率从 90% 以上，下降到 10% 不等，有的甚至绝产。畸形蛋和白壳蛋较少，但软皮蛋、沙皮蛋、薄皮蛋较多。产蛋率下降到最低点，在最低点停留 7～10 天开始缓慢上升，一般产蛋恢复需要 15～30 天。

（三）病理变化

1. 高致病性禽流感

鸡冠发绀、脚鳞出血、头部水肿，肌肉或其他器官广泛性严重出血。气管充血、出血，有大量黏性分泌物。内脏浆膜面、黏膜出血，腹部脂肪和心冠脂肪有点状出血。腺胃肿胀、腺胃乳头出血（彩图 7）、乳头有脓性分泌物。胰腺边缘出血或坏死（彩

图8）。十二指肠及小肠黏膜有刷状或条状出血，盲肠或扁桃体肿胀出血，泄殖腔严重出血。肾脏肿大或花斑肾。蛋鸡卵泡充血、出血，呈紫黑色，有的卵泡变性、破裂，形成卵黄性腹膜炎，输卵管水肿或萎缩，内有白色脓性分泌物或干酪样物。

2. 低致病禽流感

轻症病鸡一般无明显的肉眼病变。症状较明显的病鸡，早期病变主要在呼吸系统，眶下窦肿胀，鼻腔常有较多的黏液，喉头、气管黏膜、肺充血、水肿、出血，气管分叉处常有干酪样渗出物阻塞，中后期病鸡常因继发大肠杆菌感染而伴有气囊炎、心包炎、肝周炎、肠黏膜充血出血，部分腺胃乳头出血，肌胃角膜下轻度出血（彩图9），胰腺局灶性坏死等。

产蛋鸡表现为腹腔的卡他性到纤维素炎症和卵黄性腹膜炎。卵巢衰退，大卵泡充血、出血，溶解液化。输卵管黏膜水肿，有水样分泌物和纤维蛋白性分泌物，蛋壳上钙沉积较少，蛋形怪异且易碎，色素沉着少致蛋壳颜色变浅。少数产蛋鸡肾脏肿胀，有尿酸盐沉积。

（四）诊断要点

根据流行特点、临床症状、病理变化可初步诊断。确诊需要进行血清学检查和病毒分离与鉴定。

（五）防控技术

1. 建立完善的免疫体系

禽流感有很多血清亚型，极易发生变异，但是，只要采用与本地流行一致的血清亚型进行免疫，就可以产生较好的保护效果。

常用疫苗：为了防止病毒的扩散，要采用灭活疫苗进行免疫。

切实作好疫苗的免疫接种，在 AI 疫区和受威胁区要对所有禽（鸡、鸭、鹅等）全面进行免疫接种。

疫情较重地区的蛋鸡 H_5 亚型 AI 疫苗参考免疫程序：首免，7 ~ 15 日龄，二免，50 ~ 60 日龄，三免，开产前后（120 ~ 150 日龄），四免，产蛋高峰后（40 ~ 44 周龄）。目前，国家推荐使用 H_5N_1（Re-6 + Re-7）疫苗，免役剂量：成鸡 0.5ml/只，雏鸡 0.25 ~ 0.3ml/只。免疫方法：颈部皮下或肌内注射。

H_9 亚型禽流感灭活疫苗参考免疫程序：7 ~ 10 日龄一免，35 ~ 49 日龄二免，开产前 2 ~ 4 周三免。开产高峰期过后加强免疫。在环境严重受污染的地区或秋冬季节，必要时可在 14 周龄前后再免疫接种一次。

▲注意：H_5 亚型灭活苗应从正规途径获得国家指定厂家的疫苗；出口禽禁用 H_5 亚型苗。在接种疫苗时，必须注意疫苗的质量。质量良好的禽流感油乳剂灭活苗接种家禽后一般无不良反应，有时可能会引起产蛋率下降，但几天后即可恢复正常；有时可能在注射后几小时内，鸡群稍沉郁，然后很快恢复正常，这可能是疫苗中含抗原灭活剂偏多，对注射部位强烈刺激作用所致。有时会出现注射部位发热、红肿，甚至溃疡，鸡出现瘫痪，若是个别问题可能是针头污染所致，若是普遍问题则可能与疫苗质量有关。

2. 建立预防消毒体系

禽流感病毒的抵抗力较低，聚维酮碘、季铵盐等消毒剂均能对其起到良好的消毒作用，因此，应加强日常的消毒工作。

3. 加强饲养管理，提高蛋鸡对外界侵入病原体的抵抗力

使用优质全价饲料，防止因饲料中某种成分的缺乏或饲料的霉变等因素引起蛋鸡抵抗力下降，导致流感病毒的侵入。在饲料中添加维生素 C、高含量的维生素和中药散剂（如扶正解毒散、荆防败毒散等），可起到较好的预防效果。

4. 做好常规疾病疫苗的接种工作

做好新城疫、传染性支气管炎、马立克氏病等病的疫苗接种

工作，使鸡群保持较高的新城疫 HI 抗体滴度，定期用弱毒苗点眼、滴鼻、喷雾免疫，以加强呼吸道局部的特异性和非特异性免疫。

5. 发生疫情时，采取综合防制措施

除采用隔离、消毒等一般措施外，对于高致病性禽流感或可疑性高致病性禽流感要及时上报有关部门。

三、鸡马立克氏病

鸡马立克氏病（MD）是由马立克氏病毒引起的鸡的一种高度接触传染性淋巴组织增生性疾病。本病以内脏器官、眼睛、皮肤肿瘤形成和外周神经的淋巴细胞浸润为特征。

该病主要是雏鸡阶段感染，育成期以后发病。病毒主要侵害雏鸡，日龄越小，感染性越强，发病则主要集中在 2～5 月龄的鸡，目前，蛋雏鸡发病的时间越来越早，有的在 30～50 日龄就开始发病。一般情况下，发病率和死亡率几乎相等。

（一）流行特点

鸡是自然宿主，其他禽类很少发生。病鸡和带毒鸡是传染源。病毒主要经呼吸道进入体内。羽囊上皮细胞中繁殖的病毒具有很强的传染性，随羽毛和皮屑脱落到外界环境中，该病毒对外界环境的抵抗力很强，室温条件下，在 4～8 个月可保持传染性，带毒鸡可传递并感染正常鸡。感染鸡不断排毒和病毒对环境的抵抗力增强是本病不断流行的原因。最早发病见于 3～4 周龄的鸡，但以 8～9 周龄发病最严重，蛋鸡群常在 4 月龄前后才表现临床症状，少数直至 6～7 月龄才发病。

▲注意：本病可与大肠杆菌病、沙门氏菌病、白血病等同时感染或继发感染，传染性法氏囊病和传染性贫血可增加马立克氏病的发病率。

（二）临床症状

根据症状和病变发生的主要部位，本病在临诊上可分为神经型、内脏型、眼型和皮肤型4种类型。

1. 神经型

以侵害坐骨神经常见。病鸡步态不稳，病初不全麻痹，后期则完全麻痹，蹲伏或一腿前伸，另一腿后伸，呈劈叉姿势。臂神经受侵害时，被侵侧翅膀下垂；颈部神经受侵害时，病鸡头下垂或头颈歪斜；迷走神经受侵害时，可引起失声、呼吸困难和嗉囊扩张。病鸡因饥饿、腹泻、脱水、消瘦，最终衰竭而死。

2. 内脏型

急性暴发，多数内脏器官和性腺发生肿瘤。大批鸡精神萎顿、蹲伏、不食、冠苍白、腹泻、脱水、消瘦，甚至昏迷，单侧或双侧肢体麻痹，触摸腹部有坚实的块状感。

3. 眼型

主要侵害眼球虹膜，虹膜色素褪色，由橘红色变为灰白色，称为"灰眼病"；瞳孔边缘不整齐，瞳孔缩小，视力丧失。单眼失明的病程较长，最后衰竭而死。

4. 皮肤型

病鸡翅膀、颈部、背部、尾上方和腿的皮肤上羽毛囊肿大，形成米粒至蚕豆大的结节及瘤状物。

（三）病理变化

1. 神经型

受病毒侵害的神经纤维肿大并呈水煮样，比正常增粗2～3倍，横纹消失，使同一条神经变的粗细不均，神经的颜色也由正常的银白色变为灰白色或灰黄色，与正常的一侧对比很容易鉴别。

2. 眼型

马立克氏病鸡的病变与生前所见相同。

3. 内脏型

各内脏器官上有形状不一、大小不等的灰白色肿瘤结节，腺胃、肝（彩图 10）、脾、卵巢、睾丸尤为明显。有些病例为弥漫性肿瘤，即无明显的肿瘤结节，但受害器官高度肿大。肿瘤结节质地较硬，切面呈灰白色，与各器官的颜色很容易区别。唯独法氏囊不出现肿瘤，但有不同程度的萎缩。

4. 皮肤型

皮肤上出现以毛囊为中心形成孤立的或融合白色隆起结节，表面为鳞片状棕色硬痂。

此外，有时临床上同一鸡群可出现上述两种或三种病型的病理变化。

（四）诊断要点

根据鸡的流行特点、特征性神经症状及病死鸡内脏病理变化可以确诊。但是，应做好与鸡淋巴白血病的鉴别诊断。内脏型马立克氏病应与鸡淋巴细胞性白血病相区别，一般有下列情况之一者可诊断为马立克氏病。

第一种：在不存在网状内皮组织增殖症的情况下出现外周神经淋巴性增粗。

第二种：16 周龄以下的鸡各内脏器官出现淋巴肿瘤。

第三种：16 周龄或 16 周龄以上的鸡各器官出现淋巴肿瘤，但法氏囊无肿瘤；马立克氏病病鸡的法氏囊变化通常是萎缩或弥漫性增厚，而白血病则常有肿大的法氏囊肿瘤。

第四种：虹膜变色和瞳孔不规则。

（五）防控技术

该病的综合防制方案应采取以马立克氏病遗传性抵抗力的选育、实施生物安全措施、疫苗免疫、避免早期感染、加强饲养管理和平时消毒等工作。

常用疫苗：

血清 I 型：CVI988 株，需 –196℃ 保存。可用于 1 日龄（出壳后 24h 内）雏鸡接种：颈部皮下 0.2ml/只，20 ~ 27 ℃ 环境下 1h 内用完。

血清 II 型：SB-1 株，–196℃ 保存。

血清 III 型：HVT 冻干苗，需 2 ~ 8℃ 保存，它可应用于种鸡、蛋鸡的正常防疫，但不能作紧急接种；疫苗的接种必须在雏鸡刚出壳后立即进行。疫苗免疫途径为皮下接种或肌肉接种，接种后，必须立即隔离饲养 3 周。

细胞结合型二价疫苗：HVT + CVI988；HVT + SB-1；

细胞结合型三价疫苗：HVT + SB-1 + CVI988。

▲注意：免疫空白期（接种后 5 ~ 15 天），否则免疫失败。育雏前期，严格隔离饲养；引进苗鸡后，15 ~ 20 天内尤其重要。马立克氏病发病后没有任何治疗价值，病鸡应及早淘汰。

四、传染性法氏囊病

传染性法氏囊病（又称为甘保罗病）（IBD）是由传染性法氏囊病病毒引起的以破坏鸡的中枢免疫器官法氏囊为主要发病机制的病毒性传染病。本病的特征是突然发病、传播迅速、病程短、发病率高，呈尖峰状死亡曲线。目前，本病呈世界性流行，变异毒株和超强毒株的出现及其引起的免疫抑制给世界养鸡业造成严重的危害，已成为主要传染病之一。

▲注意：因法氏囊受到损伤而导致免疫抑制，致使病鸡对大肠杆菌、沙门氏菌、鸡球虫等病原更易感，尤其会导致马立克氏病、新城疫等病的发生。

（一）流行特点

目前，发病日龄范围广、病程长，并且免疫鸡群仍可发病。本病的高发期为 4 ~ 6 月龄。2 ~ 6 周龄的鸡易感。传染源为病鸡和带毒鸡。该病主要通过鸡排泄物污染的饲料、饮水和垫料等经消化道传染，也可以通过呼吸道和眼结膜等传播。

▲注意：本病常与新城疫、支原体病、大肠杆菌病、曲霉菌病等混合感染，死亡率明显增高，可达到80%以上，甚至鸡群全部淘汰。

（二）临床症状

本病的潜伏期为2~3天，病程一般在1周左右，发病2天后，病鸡死亡率明显增多，且呈直线上升，5~7天后达到死亡高峰，其后迅速下降，即死亡曲线呈尖峰式。病鸡精神萎靡，羽毛蓬乱，翅下垂，闭目打盹，1~2天内可波及全群，病鸡食欲下降或废绝，饮水量剧增，排石灰水样稀便。发病后期体温下降，对外界刺激反应迟钝或消失。

（三）病理变化

病鸡严重脱水，鸡爪发干。病鸡大腿外侧肌肉、胸肌有刷状或丝状出血（彩图11）。法氏囊肿大，外形变圆，浆膜水肿，呈淡黄色胶冻状，切面见多量果酱样黏液或呈奶油样物，黏膜有条纹状或斑状出血。严重出血时，法氏囊外观呈紫葡萄状（彩图12）。以后逐渐萎缩变小，囊内有奶油样或干酪样渗出物。腺胃与肌胃交界处有出血点或出血带。肝脏呈斑驳样外观。肾脏肿大呈花斑肾，有尿酸盐沉积。

（四）诊断要点

本病根据发生突然、传播迅速、病程短、发病率高，呈尖峰状死亡曲线的特点，并结合法氏囊、肌肉、肾脏等病理变化，可作出初步诊断。

本病与新城疫、鸡传染性贫血病、硒和维生素E缺乏症、卡氏住白细胞原虫病等有相似之处，但是，在临床诊断中，只要注意观察，并结合流行特点和法氏囊病的典型特征是可以区分的。

（五）防控技术

1. 严格的卫生消毒措施，完善的生物安全体系

鸡传染性法氏囊病病毒对各种理化因素有较强的抵抗力，病毒可在鸡舍内存活较长时间，因此，如何清除饲养环境中的法氏囊病毒就成为控制本病的关键。要实行"全进全出"的饲养制度，科学处理病死鸡、鸡粪等，同时要搞好卫生消毒工作，消灭环境中的病毒，减少或杜绝强毒的感染机会，可以明显提高法氏囊疫苗的免疫效果和延长其免疫持续时间。

2. 加强饲养管理

加强日常管理，提供优质的全价饲料，可以提高鸡群体质。做好日常饲养管理，给鸡群创造适宜的小环境，尽量减少应激。

3. 制定合理的免疫程序

应根据当地的疫情状况、饲养管理条件、疫苗毒株的特点、鸡群母源抗体水平等来制定免疫程序。

4. 确定恰当的免疫时间

（1）根据琼脂扩散试验（AGP）测定的 1 日龄雏鸡母源抗体水平情况，推算合适的首免日龄　如果阳性率低于80%，鸡群应在 10 ~ 17 日龄进行首免；若阳性率达80% ~ 100%，在 7 ~ 10 日龄再采血测定一次，如阳性率低于50%，鸡群应在 14 ~ 21 日龄首免，若超过50%，鸡群应在 17 ~ 24 日龄首免。

（2）根据种鸡的免疫情况确定首免时间　种鸡开产前和产蛋期注射过灭活疫苗时，鸡群应在 15 ~ 18 日龄首免，二免：安排在 25 ~ 30 日龄，可选用中等毒力苗（B87，D78，BJ836 等）即可。种鸡 IBD 油苗没有产生良好免疫力的雏鸡，首免可提前 12 ~ 16 日龄，二免相应也可提早。强毒流行地区，首免 8 ~ 9 日龄，可用中毒力苗，18 日龄二免时可用中等偏强苗。如果 1 周龄雏鸡暴发 IBD，则还可在 1 日龄用弱毒苗免疫等。

5. 正确选择疫苗的种类及合理的应用

法氏囊病疫苗可分为两大类：灭活疫苗和活疫苗，目前，应用最多的是活疫苗。灭活疫苗可分为囊源灭活苗、细胞毒灭活疫苗和鸡胚毒灭活疫苗，其中，以囊源灭活疫苗的效果最好。

活疫苗可分为 3 种：强毒力型、中毒力型和温和型。温和型活疫苗对法氏囊没有损害作用，但接种后抗体产生较慢，抗体效价也较低，容易受到母源抗体的干扰；中毒力型活疫苗和强毒力型活疫苗免疫效果优于温和型活疫苗，受母源抗体的影响较小，但是接种雏鸡后，对法氏囊容易造成损伤，特别是在无母源抗体的条件下，容易导致雏鸡发病。

6. 发病后的措施

鸡群发病后，要隔离病鸡，用强碱或酚制剂等消毒剂对舍内外进行彻底消毒。

对于发病初期的病鸡和假定健康鸡，全部使用高免卵黄抗体（或血清）进行治疗，治疗后 8 ~ 10 天，使用中等毒力的疫苗两倍量进行免疫接种。

▲建议：在注射卵黄的时候配合头孢噻呋钠粉针，同时，供应充足饮水，饮水中添加电解质和适量的抗生素会降低死亡率。

五、传染性支气管炎

传染性支气管炎（IB）是由鸡传染性支气管炎病毒引起的鸡的一种急性、高度接触性传染的呼吸道和泌尿生殖道疾病。呼吸型以气管啰音、咳嗽、打喷嚏和呼吸道黏膜呈浆液性及卡他性炎症为特征；肾型表现为肾炎综合征，肾脏肿大，尿酸盐沉着；此外还引起产蛋鸡产蛋减少，蛋品质量下降；腺胃肿大等。本病病毒变异频繁，血清型众多，不同毒株的免疫原性、致病性和组织嗜性的差异较大，在临床中分为呼吸型、肾型、腺胃型和生殖道型等。

本病呈世界性分布，传染性强，传播快，潜伏期短，发病率高，雏鸡死亡率最高，尤其腺胃型和肾型最为严重，若蛋雏鸡发生传染性支气管炎则导致蛋鸡产蛋无高峰期。成年鸡表现为呼吸道症状和产蛋率下降，目前，IB 是严重危害养禽业的最主要疫病之一。

（一）流行特点

不同年龄、品种的鸡均易感，以雏鸡和产蛋鸡最易感，尤其40 日龄内的雏鸡发病最为严重，死亡率较高。传染源为病鸡和康复后的带毒鸡。病鸡通过呼吸道排毒，经空气中的飞沫和尘埃传染给易感鸡，或通过泄殖腔排毒，或通过污染的饲料、饮水和器具等经消化道传播。本病一年四季均可发生，但以气候寒冷的季节多发，并且传播迅速，一旦感染，可很快波及全群。过热、拥挤、温度过低、通风不良、饲料中的营养成分配比不适当、缺乏维生素和矿物质等不良应激因素都会促进本病的发生。病毒对外界的抵抗力不强，1% 的石炭酸和 1% 的甲醛溶液都能很快将其杀死。

（二）临床症状

1. 呼吸型

雏鸡：发病日龄多在 5 周龄以下，全群几乎同时发病。病鸡精神萎靡，缩头，闭眼嗜睡，翅下垂，羽毛松散无光，怕冷扎堆，流鼻液，流泪，打喷嚏，常伸颈，张口喘气。在夜间安静时，可听到发病轻的鸡伴随呼吸发出的气管啰音。

产蛋鸡：除有呼吸道症状外，产蛋鸡推迟产蛋，产蛋率下降25% ~50%，同时，薄壳蛋、褪色蛋、畸形蛋增多，种蛋孵化率降低，蛋清稀薄如水，易与蛋黄分离，产蛋不易恢复到原有的水平。

2. 肾型

发病日龄主要集中在 2 ~4 周龄的雏鸡，病死率高，雏鸡最高可达30%以上。育成鸡和产蛋鸡也有发生，成年鸡和产蛋鸡群并发尿石症时死亡率增高。病鸡精神沉郁，怕冷，鸡爪干瘪，鸡冠发暗，羽毛蓬松，缩颈垂翅，采食减少甚至废绝，饮水增多，排白色米汤样稀粪，肛门周围羽毛污染。发病鸡群呈双相性临床症状，即初期有2～4天的轻微呼吸道症状，随后呼吸道症状消失，出现表面上的"康复"状态，1周左右进入急性肾病阶段，出现零星死亡。

3. 腺胃型

多发于20～80日龄雏鸡。鸡群采食量下降，闭眼嗜睡，前期有呼吸道症状，肿眼、流泪、咳嗽、流黏性鼻液，中后期机体极为消瘦，排黄绿色或白色稀薄粪便，终因衰竭死亡。病死率与饲养管理条件有关，病死率一般为20%～30%，最严重鸡群或有并发症时病死率可达90%以上。

4. 生殖道型

只发生于产蛋鸡群，多为170～210日龄临近产蛋高峰期的鸡群暴发，常规疫苗不能预防本病。发病初期鸡群以"呼噜"症状为主，伴随张口喘气、咳嗽、气管啰音，精神萎靡，有的肿眼、流泪，一般持续5～7天。发病中后期采食量下降5%～20%，粪便变软或拉水样粪便，产蛋率下降。

新开产鸡发病后，产蛋徘徊不前或上升缓慢；产蛋高峰期发病时，鸡蛋表面粗糙，蛋壳陈旧、变薄，颜色变浅或发白。

▲注意：产蛋量下降的程度因鸡体自身抗病力和毒株不同而异，恢复至原产蛋水平需要6周左右，但大多数达不到原来的产蛋水平。

(三) 病理变化

1. 呼吸型

鼻腔、鼻窦及气管下1/3处、支气管内有条状或干酪样渗出物，死亡雏鸡的气管后段，有时见到干酪样的栓子。产蛋鸡卵泡充血、出血、变形、坏死。输卵管发育不良或出现囊肿。腹膜浑浊，时间长久后形成卵黄性腹膜炎。

2. 肾型

病鸡机体严重脱水，肌肉发绀，皮肤与肌肉难分离。肾脏苍白、肿大，肾小管和输尿管沉积大量尿酸盐，肾呈大理石样病变。继发痛风时心、肝表面及泄殖腔内可见到尿酸盐沉积。

3. 腺胃型

病死鸡消瘦，腺胃显著增大，如乒乓球状（彩图13），腺胃壁增厚，腺胃黏膜出血和溃疡，腺胃乳头肿胀、出血或乳头处凹陷、消失、周边出血。肠道黏膜出血，尤其十二指肠最为严重，肠道内有黄色液体，呈卡他性炎症。气管充血且内有黏液，30%左右的病死鸡肾肿大，有尿酸盐沉积。

4. 生殖道型

病变主要为输卵管水肿，卵泡充血、出血、变性甚至坏死，卵泡掉入腹腔内形成干酪样物，最终因卵黄性腹膜炎而死亡。

（四）诊断要点

本病类型较多，与很多疾病均有相似之处，因此，要做好与新城疫、传染性喉气管炎、减蛋综合征、传染性法氏囊病、马立克氏病、传染性鼻炎的鉴别诊断。根据本病的流行特点、临床症状和病理变化，可作出初步诊断。若需确诊，则要借助于病毒学、血清学和分子生物学等一系列实验室检测方法。

（五）防控技术

预防原则：改善饲养管理和兽医卫生条件，减少对鸡群的不利因素，加强免疫接种等措施。

1. 加强饲养管理，做好环境卫生，严格执行消毒制度

鸡场进出口设消毒池，做到临时消毒与定期消毒相结合；加强饲养管理，使用优质饲料，减少诱发因素，如，防止冷应激，避免过度拥挤，保证采食量，防止鸡体消瘦等均可降低本病造成

的损失。

2. 合理选择疫苗

我国目前采用的主要是 H_{120}，疫苗和 H_{52} 疫苗。H_{120} 疫苗用于初生雏鸡，不同品种鸡均可使用，雏鸡用 H_{120} 疫苗免疫后，至 1~2 月龄时，须用 H_{52} 疫苗进行加强免疫。H_{52} 疫苗专供 1 月龄以上的鸡用，初生雏鸡不能应用。采用弱毒株疫苗 H_{120} 疫苗滴鼻和多价灭活苗注射相结合，是预防 IB 有效的方法。

本病病毒变异频繁，血清型众多，各型间交叉保护力弱，因此，务必选择有效疫苗（与当地致病毒株的血清型一致），用当地或本场流行分离株制成油乳剂灭活疫苗来免疫种鸡和雏鸡，免疫效果最好。这是目前控制本病最有效的方法。

3. 实施合理免疫程序

活疫苗和灭活疫苗都可应用于传染性支气管炎的免疫接种，弱毒活疫苗用于蛋鸡的首免，油乳剂灭活疫苗用于蛋鸡和种鸡开产前的免疫。实施合理的免疫程序是预防本病的关键措施。

六、传染性喉气管炎

传染性喉气管炎（ILT）是由疱疹病毒引起的一种急性、高度接触性呼吸道病，临床症状表现为呼吸困难、喘气、咳血痰。病理变化为喉头和气管黏膜肿胀、糜烂、坏死和大面积出血。本病对养鸡业危害较大，传播快，死亡率高，初次暴发时，鸡群的死亡率可达 40%，并有明显的产蛋量下降。近年来，鸡传染性喉气管炎的发生逐渐趋于温和，并多与其他呼吸道病混合感染，致使病症复杂化，主要表现为黏液性气管炎、窦炎、眼结膜炎、消瘦和低死亡率等。

（一）流行特点

本病主要侵害鸡，各日龄的鸡都可感染，多发于成年鸡，青年鸡次之，雏鸡不明显。传染源为病鸡及康复后的带毒鸡。本病经上呼吸道及眼内传播，也可经消化道传播。本病虽不垂直传播，但种蛋及蛋壳上的病毒感染鸡胚后，鸡胚在出壳前均会出现死亡。康复鸡可长期排毒，含有病毒的分泌物污染过的垫草、饲料、饮水及用具等可成为本病的传播媒介。鸡群饲养管理不良，如，饲养密度过大、拥挤、鸡舍通风不良、维生素缺乏、存在寄生虫感染等都可促进本病的发生与传播。秋季、冬季多发，一旦鸡群发病后则传播速度快，2~3天即可波及全群，感染率可达100%，病死率一般在10%~20%，蛋鸡产蛋率下降。

（二）临床症状

根据病毒的毒力不同，侵害部位不同，在临床上可分为急性型和温和型。

1. 急性型

急性型是高致病性病毒株引起的，病鸡嘴角和羽毛有血痰沾污，呼吸困难，抬头伸颈，并发出响亮的喘鸣声，一呼一吸呈波浪式的起伏；病鸡咳嗽或摇头时，咳出血痰，血痰常附着于墙壁、水槽、食槽或鸡笼上。病死鸡鸡冠及肉髯呈暗紫色，死亡鸡体况较好，死亡时，多呈仰卧姿势；部分鸡出现肿脸、肿头、流泪现象，排绿色粪便；产蛋鸡产蛋量急剧下降，畸形蛋、砂皮蛋、软皮蛋增多。

2. 温和型

温和型是低致病性病毒株引起的，病程2~3周，主要发生于2月龄以内的雏鸡。温和型特征为眼结膜炎、眼结膜红肿，1~2天后流眼泪，眼分泌物从浆液性到脓性，最后导致失明，眶下窦肿胀。

（三）病理变化

病变集中在上呼吸道。喉头充血、出血、气管黏膜肥厚或高度潮红或有出血点；严重时喉头和气管内有卡他出血性渗出物，渗出物呈血凝块状（彩图14），堵塞喉头和气管。有的在喉气管内有纤维素性干酪样物，呈灰黄色附着于喉头周围，堵塞喉腔，特别是堵塞腭裂部，干酪样物从黏膜脱落后，黏膜急剧充血，轻度增厚，散在点状或斑状出血。

有些病鸡的鼻腔渗出物中带有血凝块或呈纤维素性干酪样物，鼻腔和眶下窦黏膜也发生卡他性或纤维素性炎。产蛋鸡卵巢异常，出现卵泡充血、出血、变性等症状。

温和型病例单独侵害眼结膜，有的则与喉、气管病变合并发生。结膜病变主要呈浆液性结膜炎，结膜充血、水肿，有时有点状出血。有些病鸡的眼睑，特别是下眼睑发生水肿，而有的则发生纤维素性结膜炎，角膜溃疡。

（四）诊断要点

急性型病例可以根据呼吸困难、喘气、咯出血痰的典型特征并结合病理变化作出诊断。由于本病与传染性支气管炎、传染性鼻炎有相似之处，因此，应做好鉴别诊断。对于温和型病例，则需要借助于病毒分离与鉴定、检查包涵体，采用血清学（琼脂扩散试验、中和试验和斑点免疫吸附试验等）等方法来确诊。

（五）防疫技术

防制原则：以推行生物安全措施为主，免疫预防和药物防治为辅的综合防制措施。本病尚无特效的治疗药物，主要靠平时的饲养管理和预防接种，发病后对鸡舍内外进行消毒、隔离。

1. 预防措施

首先，要加强饲养管理，建立有效的生物安全体系，防止病原侵入。如加强消毒、搞好环境卫生，供应优质饲料。

2. 制定合理的免疫程序

免疫接种是防制传染性喉气管炎的关键措施。无论是国产疫苗，还是进口疫苗，效果都不理想：一是免疫后反应较强烈，二是免疫保护期短、保护率较低。建议免疫程序：首免35日龄，1羽份点眼；二免80～90日龄，1～2羽份点眼。

▲注意：目前，预防和控制 ILT 暴发的疫苗，都是传染性喉气管炎病毒的弱毒疫苗株，这些毒株有不同程度的残留毒力。接种弱毒苗后部分鸡呈潜伏感染，并能从免疫的鸡向未免疫的鸡扩散而引起发病，弱毒疫苗株的毒力易于在鸡与鸡之间或群与群之间传代而提高，这可能导致毒力的返强。终身潜伏性感染、偶尔返强和散毒，是使用传染性喉气管炎弱毒疫苗存在的问题。

鸡胚弱毒苗的免疫效果好，但不当的免疫方法会引起鸡群的强烈反应，造成一定数量的死亡。同时，由于疫苗病毒存在着返强的可能，活疫苗只能在疫区或发生过该病的地区使用。为防止疫苗间的相互干扰，在进行传染性喉气管炎免疫的前后一周，不进行其他呼吸道疾病的免疫。而且 ILT 疫苗毒可在神经系统潜伏存在，通常接种后会有一定的排毒期。因此，在蛋鸡养殖密集地区应慎用 ILT 活疫苗。使用弱毒疫苗的鸡场不能突然停用疫苗，否则，环境中散播的弱毒有可能返强而引起发病，没有使用弱毒疫苗的安全鸡场应该在确诊本病的情况下使用。

七、产蛋下降综合征

产蛋下降综合征（EDS-76）是由腺病毒引起的以蛋鸡产蛋率下降、蛋壳异常、无壳蛋增多为主要特征的一种急性病毒性传染病。主要发生于 24 ~ 30 周龄高产蛋鸡，特点就是在饲养管理条件正常的情况下，蛋鸡产蛋率达到高峰时，产蛋量突然下降或蛋鸡不能达到产蛋高峰，短期内出现大量的软壳蛋、无壳蛋、薄壳蛋及畸形蛋，蛋壳表面不光滑，沉淀有大量灰白色或灰黄色粉状物。

（一）流行特点

任何年龄的鸡均可感染，但产蛋高峰的鸡最易受感染，其中，褐壳蛋品系产蛋鸡比白壳蛋品系产蛋鸡更为严重。传染源主要是病鸡、带毒鸡、带毒的水禽。本病可垂直传播和水平传播。

病毒感染过的鸡蛋、水源、饲料、人员、工具等都是本病的传播媒介。本病病毒主要存在于输卵管、消化道、呼吸道和肝、脾中，病毒在输卵管中能侵入蛋内或附着在蛋壳上，随蛋排出体外。

▲注意：当鸡群发生该病时，可能与传染性支气管炎、呼肠孤病及慢性呼吸道病等混合感染有关。

（二）临床症状

常见26～36周龄产蛋鸡突然全群产蛋量下降20%～50%，伴随出现薄壳蛋、软壳蛋、无壳蛋、小蛋和畸形蛋，蛋的破损率可达40%。蛋质低劣，色泽变淡，蛋壳表面粗糙等。产蛋下降持续4～10周后恢复正常，部分病鸡在病变过程中伴有减食、腹泻、贫血、羽毛蓬乱、精神呆滞等症状。

（三）病理变化

本病特征性病变主要是输卵管各段黏膜发炎、水肿、萎缩。病鸡卵巢萎缩或有出血。肠道出现卡他性炎症。蛋壳表面粗糙，蛋白如水，蛋黄色淡，或蛋白中混有血液等。

（四）诊断要点

根据发病日龄结合初产母鸡在产蛋高峰期突然产蛋下降，薄壳蛋、软壳蛋、无壳蛋和畸形蛋增多及输卵管和卵巢的病理变化可作出诊断，若确诊需要借助实验室诊断，血清学检查（血凝抑制HI实验）为首选。

（五）防控技术

1. 加强消毒

病毒在粪便中能存活，具有抵抗力，要做好环境卫生消毒，建立无疫病鸡场。尤其是对种鸡要严格检疫，种蛋和孵化坊要采取严格消毒等综合防制手段。避免垂直感染，使用来自非感染群的种蛋是关键。采血和接种疫苗的注射器不要连续给鸡使用。严格做到鸡、鸭隔离饲养。避免使用被EDS-76病毒污染的疫苗。

2. 免疫预防

疫苗可采用产蛋下降综合征油乳剂灭活苗，新城疫和产蛋下降综合征二联油乳剂灭活苗，新城疫－传染性支气管炎－减蛋综合征三联油乳剂灭活苗。商品蛋鸡或蛋用种鸡，于 110～120 日龄每只肌内注射 0.5～1.0ml。

八、鸡痘

鸡痘是由鸡痘病毒引起的一种急性、接触性传染病，以皮肤出现痘疹和喉头黏膜上出现假膜为特征。临床分为四种类型：皮肤型、黏膜型、眼鼻型、混合型。近年来，临床上混合型居多，治疗难度较大。

（一）流行特点

雏鸡发病较多且病情严重，死亡率高；本病发病率为10%～70%，死亡率在 20% 以下。一般通过蚊虫叮咬和破损的皮肤或黏膜感染。传播媒介主要是脱落或散落的痘痂。在某些不良环境中，如拥挤、通风不良、阴暗、潮湿、体外寄生虫、啄癖或外伤、饲养管理不善或饲料配比不当等状态下均可促使本病发生，并发或继发的传染性鼻炎、新城疫、慢性呼吸道病等可加剧病情，造成死亡增多。本病在秋季、冬季多发，我国南方气候潮湿、蚊虫多，更易发病，病情更重。一般来说，夏季、秋季多发皮肤型鸡痘，冬季以黏膜型为主。

（二）临床症状

1. 皮肤型鸡痘

特征是在身体无毛部位，如冠、肉髯、嘴角、眼睑、腿、泄殖腔和翅的内侧等部位形成一种特殊的痘疹。最初痘疹为细小的灰白色小点，随后体积迅速增大，形成如豌豆大灰色或灰白色的结节。痘疹表面凹凸不平，结节坚硬而干燥，有时结节可相互融合，最后变为棕黑色的痘痂，突出于皮肤的表面，脱落后形成一个平滑的灰白色疤痕而痊愈。

2. 黏膜型鸡痘

一般死亡率在 5% 以上，若雏鸡严重发病时，死亡率可达 50%。前期口腔、咽、喉、鼻腔、食道黏膜、气管及支气管等部位出现黄白色小结节，逐渐增大相互融合，形成黄白色干酪样假膜，假膜（俗称白喉）由坏死的黏膜和炎性渗出物凝固而成。随着病情的加重，假膜阻塞口腔和咽喉部，造成呼吸和吞咽困难，最终因饥饿和窒息而死。

3. 眼鼻型鸡痘

常伴黏膜型鸡痘发生，病鸡眼结膜发炎，早期眼和鼻孔中流出水样液体，以后变成淡黄色浓稠的脓液。病鸡眶下窦有炎性渗出物蓄积，眼部肿胀，可挤出干酪样凝固物，引发角膜炎造成失明。

4. 混合型鸡痘

同时发生以上两型或三型的鸡痘，一般病情严重，死亡率高，以上不同类型的症状均可出现。

（三）病理变化

1. 皮肤型鸡痘

皮肤型特征病变是局部表皮及其下层的毛囊增生形成结节。最初痘疹为细小的灰白色小点，随后形成如豌豆大灰色或灰白色的结节。痘疹表面凹凸不平，结节坚硬而干燥，切开结节内面出血、湿润，结节脱落后形成疤痕。

2. 黏膜型鸡痘

病变在口腔、咽喉、气管或食道黏膜上形成黄白色小结节，随后变为黄白色干酪样假膜，假膜可以剥离，剥离后气管表面有浅红色出血。病情危害到支气管时，可引起附近的肺部出现肺炎病变。

3. 眼鼻型鸡痘

眼鼻型主要表现为眼结膜发炎、潮红，切开眶下窦可见炎性渗出物蓄积；切开眼部肿胀部位，可见干酪样凝固物。

4. 混合型鸡痘

可出现以上两种或两种以上的病变。

（四）诊断要点

根据流行特点、临床症状一般可以作出诊断。但是，要做好与传染性鼻炎、传染性喉气管炎的鉴别诊断。确诊可以借助实验室技术，如感染试验、接种鸡胚或显微镜检查皮肤上皮细胞的细胞浆内包涵体等。

（五）防控技术

目前，对于鸡痘的治疗，尚没有特效的药物，最有效的方法是接种疫苗进行预防。

1. 建立合理的饲养管理体系和卫生管理制度

搞好鸡场及周围环境的清洁卫生，做好定期消毒和杀灭蚊虫工作，减少或尽量避免蚊虫叮咬雏鸡，并搞好通风，饲养密度不可过大，饲料应全价，避免各种原因引起的啄癖或机械性外伤。

2. 因地制宜制定免疫体系

预防本病最有效的方法是接种疫苗，目前，主要应用鸡痘鹌鹑化弱毒疫苗，一般采用羽膜刺种法。用消毒过的刺种笔蘸取疫苗，在翅膀内侧无血管处皮下刺种 1~2 下，刺种后 7 天左右，检查刺种效果，如果刺种部位产生痘痂，说明有效。否则，必须再刺种 1 次。参考免疫日龄：首免 25 日龄；二免 75 日龄左右。

3. 发病后的措施

一旦发病，马上隔离，发病早期可用鸡痘鹌鹑化弱毒疫苗紧急接种。

九、禽白血病

禽白血病是由禽 C 型反录病毒群的病毒引起的禽类多种肿瘤性疾病的统称。在临床实践中，以淋巴细胞性白血病最为常见，但近年来血管瘤型白血病发病较多。

（一）流行特点

自然情况下感染鸡，AA鸡和艾维茵鸡易感性高，罗斯鸡、新布罗鸡和京白鸡易感性较低；母鸡比公鸡易感，通常4～10月龄的鸡发病多。本病可垂直传播和水平传播。病毒感染种鸡经蛋排毒给鸡胚，使初生雏鸡感染并终身带毒。患有寄生虫病、饲料中缺乏维生素、管理不良等应激因素都可促使本病发生。

（二）临床症状

临床中分为淋巴细胞性白血病、成红细胞性白血病、成髓细胞性白血病、骨髓细胞瘤病、骨硬化病等类型。

1. 淋巴细胞性白血病

本病是最常见的一种病型，14周龄以后开始发病，在性成熟期发病率最高。病鸡精神萎顿，全身衰弱，并呈进行性消瘦和贫血。鸡冠及肉髯苍白、皱缩，偶见发绀。病鸡食欲减退或废绝、腹泻、产蛋停止，腹部常明显膨大，用手按压可摸到肿大的肝脏，最后病鸡衰竭死亡。

2. 成红细胞性白血病

此病比较少见。通常发生于6周龄以上的高产鸡，病鸡消瘦、下痢，病程从12天到几个月不等。临床上分为增生型和贫血型。两种病型的早期症状均为全身衰弱、嗜睡、鸡冠稍苍白或发绀。

3. 成髓细胞性白血病

此型很少自然发病，临床表现为嗜睡、贫血、消瘦、毛囊出血，病程比成红细胞性白血病长。

4. 骨髓细胞瘤病

此型自然病例极少见。其全身症状与成髓细胞性白血病相似。

5. 骨硬化病（骨化石症）

病鸡发育不良、苍白、行走拘谨或跛行，晚期病鸡的骨骼呈特征性的"长靴样"外观。

6. 血管瘤

病鸡临床表现食欲不振，排绿色便，鸡冠褪色。于头、颈、脚部皮下及部分肌肉内有小豆大至小指头大血肿或肿瘤形成，自然破溃流出血液，羽毛上粘有血液。病鸡有时因咯血引起的贫血、消瘦、产蛋停止等，2周左右死亡。

7. 其他

肾瘤、肾胚细胞瘤、肝癌和结缔组织瘤等，自然病例均少见。

(三) 病理变化

1. 淋巴细胞性白血病

肿瘤主要发生于肝、脾、肾、法氏囊，也可侵害心肌、性腺、骨髓、肠系膜和肺。肿瘤呈结节性或弥漫性，灰白色到浅黄白色，大小不一。

2. 成红细胞性白血病

贫血型和增生型两种病型都表现全身性贫血，皮下、肌肉和内脏有点状出血。

贫血型：病鸡的内脏常萎缩，尤以脾为甚，骨髓色淡呈胶胨样，血液中仅有少量未成熟细胞。

增生型：特征性肉眼病变是肝、脾、肾弥漫性肿大，呈樱桃红色到暗红色，有的剖面可见灰白色肿瘤结节。

3. 成髓细胞性白血病

骨髓坚实，呈红灰色至灰色。在肝脏偶然也见于其他内脏发生灰色弥漫性肿瘤结节。

4. 骨髓细胞瘤病

骨髓细胞瘤呈淡黄色、柔软脆弱或呈干酪状，呈弥散或结节状，且多两侧对称。

5. 骨硬化病

在骨干或骨干长骨端区存在均一的或不规则的增厚。

6. 血管瘤

病鸡头颈部、腹部、胸部、翼部及脚鳞部有直径 2 ~ 7mm 的火山口状肿瘤及血肿。肝、肺、卵巢、脾、法氏囊及腹脂内有单发或密发的直径 2 ~ 10mm 的血肿。肝、肾及小肠等散见有白色肿瘤。

(四) 诊断要点

常根据血液学检查和病理学特征结合病原和抗体的检查来确诊。

(五) 防控技术

本病主要为垂直传播，病毒型间交叉免疫力很低，雏鸡免疫耐受，对疫苗不产生免疫应答，所以，对本病的控制尚无切实可行的办法。

减少种鸡群的感染率和建立无白血病的种鸡群是控制本病的最有效的措施，但由于费时长、成本高、技术复杂，一般种鸡场还难以实行。因此，引进鸡场的种蛋、雏鸡应来自无白血病的种鸡群，同时，加强鸡舍孵化、育雏等环节的消毒工作。

十、鸡传染性贫血

传染性贫血病是由于鸡传染性贫血病毒引起的以雏鸡再生障碍性贫血、全身淋巴组织萎缩、皮下和肌肉出血及高死亡率为特征的传染病。本病感染鸡群后可引起免疫功能障碍，造成免疫抑制，使鸡群对其他病原的易感性增高和使某些疫苗的免疫应答力下降，从而发生继发感染和疫苗的免疫失败，造成重大的经济损失。

(一) 流行特点

鸡是唯一的自然宿主，主要发生在 2 ~ 3 周龄的雏鸡，其中

1～7日龄雏鸡最易感。本病多为垂直传播，也可水平传播，但水平传播临床症状不显著。本病发病率在20%～60%，死淘率为5%～10%，常与新城疫、马立克氏病、传染性法氏囊病等混合感染，临床实践中常常出现难以鉴别的情况。

（二）临床症状

病鸡表现精神不振，发育不全，贫血。病程较长，从发病至康复需1～4周。病鸡常见翅膀下出血，故有"蓝翅病"之称。病死率高低不等，一般死亡率为10%～15%，死亡多集中于18～35日龄，第一次死亡高峰过后2周时，出现第二次死亡高峰。成年鸡也可感染本病，但无临床症状出现。

（三）病理变化

单纯的传染性贫血病最典型的症状是骨髓萎缩。大腿骨的骨髓呈淡黄色或淡红色或脂肪色。胸腺萎缩、出血，严重时可导致完全退化。法氏囊萎缩不明显，外观呈半透明状，有时重量变轻，体积变小。病情严重时，肝肿大、质脆，有时黄染或有坏死灶；脾、肾肿大；腺胃黏膜出血，心肌和皮下出血。

血液学检查，红细胞、血红蛋白明显减少，血细胞容积值下降，白细胞、血小板数均减少，各种血细胞在感染期出现核浓缩等异常现象，在恢复期则出现多量未成熟的血细胞。

（四）诊断要点

根据流行特点、临床症状和病理变化，可作出初步诊断，但确诊需进行病毒分离与鉴定，血清学检测及鉴别诊断等检查。

（五）防控技术

本病目前没有特效性治疗方法。一旦感染本病，可采用广谱抗生素控制细菌的继发感染。

德国研制出了鸡传染性贫血活疫苗，该疫苗用于12～16周龄种鸡饮水免疫，可使种鸡产生对鸡传染性贫血的免疫力，防止由卵巢排出病毒；雏鸡可获得母源抗体，从而获得对该病的免疫力。

加强对种鸡检疫，淘汰感染鸡。特别是进口鸡时，应做 CI-
AV 抗体检测，严格控制感染本病的鸡进入鸡场。加强卫生防疫
措施，严防由于环境或各种传染病导致的免疫抑制。

十一、网状内皮组织增殖症

禽类的网状内皮组织增殖病（RE）是一种由反转录病毒引
起的一种综合征，包括急性网状细胞瘤、发育障碍综合征及其他
慢性肿瘤形成。家禽感染网状内皮组织增殖症，在某些时候可能
与使用污染了该病病毒的疫苗有关。

（一）流行特点

该病主要感染鸡和火鸡，鸭、鹅、鹌鹑也能感染本病。主要
通过水平传播和垂直传播散播本病。当病鸡出现病毒血症期间，
粪便及分泌物中带毒，被污染的饲料及饮水等可使健康鸡群感
染。蚊子也可传播该病病毒。此外，给鸡和火鸡接种马立克氏病
疫苗时，由于疫苗中混有该病毒造成感染。本病危害非常大，除
发生肿瘤外，还可发生发育障碍综合征。

（二）临床症状

1. 急性网状细胞瘤

潜伏期 3 天，多在潜伏期过后的 6～12 天死亡。无明显的临
床症状，死亡率可达 100%。

2. 发育障碍综合征

表现生长发育迟缓或停滞，病鸡瘦小，但消耗饲料不减。

（三）病理变化

1. 急性网状细胞瘤

剖检可见肝脏肿大，质地稍硬，表面及切面有小点状或弥漫
性灰白色病灶，肝脏有时可见灰黄色小坏死灶。脾脏和肾脏也见
肿胀，体积增大，有小点状或弥漫性灰白色病灶。胰腺、输卵管

及卵巢出现纤维性黏连。病理组织学变化有示病意义，可见肿瘤是由幼稚型的网状细胞所构成，瘤细胞异型性明显，大小不一致，核多呈空泡状。

2. 发育障碍综合征

剖检可见尸体瘦小、血液稀薄、出血、腺胃糜烂或溃疡、肠炎、坏死性脾炎以及胸腺与法氏囊萎缩等变化。有的见肾脏稍肿大。两侧坐骨神经肿大，横纹消失。形成慢性肿瘤的病例，临床表现渐进性消瘦和贫血。生长的肿瘤为 B 淋巴细胞瘤。

（四）诊断要点

可根据肝脾肿大，有点状或弥漫性灰白色病灶，生长发育障碍，个体瘦小，而消耗饲料量不减等特点做出初步诊断。确诊应做病理组织学、血清学及病毒学检查。

（五）防控技术

目前，尚无商业性疫苗用于本病的防制。

主要应加强预防措施：注意不引入带毒母鸡；禁止用病鸡的种蛋孵化雏鸡；对种鸡场进行检测监督、淘汰阳性鸡防止水平传播；发现被感染的鸡群应采取隔离措施，并捕杀、烧毁或深埋病鸡。对污染的鸡舍要进行彻底清洗、消毒。使用马立克氏病疫苗时，应特别注意：一定要选用无本病病毒污染的疫苗。

十二、传染性脑脊髓炎

鸡传染性脑脊髓炎（AE）是由鸡传染性脑脊髓炎病毒引起的雏鸡的一种传染病，以头部震颤和共济失调为特征，两肢轻瘫及不完全麻痹。世界各地均有该病流行，在新疫区传播快，引起雏鸡发病死亡，给养鸡业带来较大威胁。

（一）流行特点

该病主要感染鸡及火鸡，本病流行无明显的季节性，可以通过水平传播和垂直传播散播本病。常见的感染途径是摄食，自然条件下，AE主要是肠道感染。病鸡通过粪便排毒的时间为5~12天，病毒在鸡粪中可存活4周以上。种鸡若早期感染，产蛋时蛋内有母源抗体，因此，孵出的雏鸡不易感染本病。而未做疫苗接种，当种鸡群在刚开产或开产后感染野毒，则刚出壳的雏鸡易暴发该病。

（二）临床症状

3周龄以内的鸡临床症状明显，病鸡表现头、颈震颤明显，走路摇晃，步态不稳，趾向外侧弯曲，拍打着翅膀吃力地向前运动。常取蹲坐姿式。多因采食、饮水困难，被同群鸡的挤压、踩伤而死亡。部分雏鸡耐过后，生长发育不良，有时发生一侧或两侧眼球晶状体混浊、失明。产蛋鸡感染后呈一过性产蛋下降（5%~10%），但不出现神经症状。

（三）病理变化

肉眼变化仅见胃壁肌层中有细小的灰白区。病理组织学检查有示病意义。中枢神经系统病变表现为弥散性、非化脓性脑炎，可见神经原变性，胶质细胞增生以及血管套的出现。在延髓和脊髓灰质中可见神经原中央染色质溶解，神经原胞体肿大，胞核固缩、溶解等。在腺胃的黏膜肌层和肌层、肌胃、肝脏、肾脏、胰脏有密集的淋巴细胞增生灶。

（四）诊断要点

根据流行特点、典型的临床症状及病理组织学变化可以做出初步诊断。确诊需进行病毒分离和鉴定，血清学检测及鉴别诊断等检查。

（五）防控技术

预防接种是有效的防制该病的方法，参考免疫程序为8~10周龄用弱毒苗滴鼻、点眼，18~20周可进行二免。开产前最好接种1次油乳剂灭活苗。由于该病主要侵害雏鸡，特别是3周龄内的雏鸡易感，因此，主要给种鸡进行免疫，以保证雏鸡的安全。急性暴发的雏鸡没有有效的治疗方法，在一般情况下，可淘汰感染雏鸡。

十三、鸡包涵体肝炎

鸡包涵体肝炎（IBH）是由禽腺病毒引起的鸡的一种传染病。

（一）流行特点

鸡腺病毒有 11 个血清型，目前认为，鸡腺病毒 8 型、2 型、5 型、3 型、4 型等血清型是 IBH 的主要病原体。病毒可通过消化道、呼吸道、眼结膜感染发病，产蛋鸡可通过输卵管感染鸡蛋，引起雏鸡的垂直传播。蛋鸡多发于 17 周龄。混合感染可加重病情，如，传染性法氏囊病、马立克氏病、鸡传染性贫血、白血病、支原体病等，可促进和加重本病的流行，死亡率增加，甚至全群覆灭。

（二）临床症状

雏鸡临床表现发热，精神不振，食欲降低，嗜睡，羽毛逆立，缺少光泽，下痢，黄疸，排灰白色或粉灰色水样稀便。两腿无力，甚至伏卧不起。一般无前驱症状，突然发病死亡，发病后 3~5 天死亡率可达高峰。如不及时治疗，则产蛋期推迟，不出现产蛋高峰。

（三）病理变化

鸡体消瘦，鸡冠小、苍白或黄染，血液稀薄、色淡。胸部及腿部肌肉黄染，可见出血斑。肝脏萎缩、颜色变淡呈淡、褐色或黄褐色，质地脆弱，表面有出血斑点，见灰黄色坏死灶，有时肝脏淤血、肿大。个别病例可见肝脏边缘有黄白色梗死灶。肾、脾肿大，胸腺萎缩，法氏囊萎缩、体积变小、壁变薄、失去弹性。长骨骨髓呈黄白色，有的呈灰白色胶胨状。产蛋鸡卵巢发育不良，输卵管细小。切片或触片检查肝细胞可发现核内嗜碱性或嗜酸性核内包涵体。

（四）诊断要点

主要根据肝脏的病理变化，并结合实验室检测进行综合诊断。

（五）防控技术

首先，应控制和消灭传染性法氏囊病病毒和鸡传染性贫血病毒，以减少混合感染。应做好常规卫生管理工作，引进健康雏鸡，环境卫生消毒应注意选用有效消毒药，如碘制剂等。治疗可用喉炎净散，配合利肝胆、助消化药物，连用5天，效果良好。

十四、鸡病毒性关节炎

鸡病毒性关节炎（VA）又称为病毒性腱鞘炎，是由不同血清型和致病型的禽呼肠孤病毒（ARV）引起的一种传染病，主要症状为跗关节肿胀、疼痛、拐腿，甚至瘫痪，严重的病例发生腓肠肌腱断裂。

（一）流行特点

本病病毒主要侵害3～10周龄的雏鸡，最高可达90%的发病率，死亡率仅5%左右。一般10周龄以上的鸡不易感。接触性感染的潜伏期为13天。传播方式以水平感染为主，但也可以垂直传播。病鸡主要经肠道排毒，其次是经上呼吸道排毒，多因采食了被污染的饲料或饮水而感染。特别是刚出壳的雏鸡对该病易感性高，感染后排毒，在鸡群中造成广泛的传播。

（二）临床症状

病鸡站立困难，拐腿，精神不振，采食困难。跗关节及后上外侧腓肠肌腱肿胀、出血，跗关节以下部分同时屈曲变形，不能伸展。发生腓肠肌腱断裂时，则病鸡无法站立，采食困难，机体消瘦。产蛋鸡的产蛋率下降10%～15%，种蛋的受精率降低。

（三）病理变化

病变多为两侧性出现，有时为单侧性。病初，跗关节及后上外侧腓肠肌腱和腱鞘肿胀，关节滑膜出血，关节腔中有少量淡青黄色或带血色的渗出液，有时呈脓性。肌腱发生断裂时，腓肠肌及其肌腱出血，周围组织肿胀。继而，关节软骨出血、糜烂，糜烂逐渐扩大并侵害到骨体部的骨质，同时，可见骨膜增厚。当该病转为慢性时，肌腱肥厚、硬化乃至肌腱与腱鞘发生粘连，跗关节伸展困难。

（四）防控技术

控制 VA 的方法主要是免疫接种，现已有弱毒苗和灭活苗使用。种鸡可以使用呼肠孤病毒活疫苗或灭活疫苗，或二者联合应用，一般先接种活疫苗，后接种灭活苗。

此外，良好的管理措施和生物安全措施也能减少 ARV 感染的几率，尤其是雏鸡。发病鸡舍，清除感染鸡群后，对鸡舍进行彻底清洗、消毒可防止致病性病毒感染下一批鸡。消毒药最好用碘溶液和 0.5% 有机碘液。空舍时用甲醛溶液熏蒸消毒，为了达到可靠的消毒效果，室内温度不能低于 20℃，湿度为 60% ~ 80%。

第二节　细菌性疾病

一、大肠杆菌病

大肠杆菌病是一种以埃希大肠杆菌引起的急性或慢性细菌性传染病，各种日龄的鸡均可感染，包括败血型（肝周炎、心包炎、气囊炎）、脐炎型、眼球炎型、关节滑膜炎型、出血性肠炎型、肉芽肿型、卵黄性腹膜炎型、生殖系统炎症型等多种类型，在临床实践中，感染两种以上病原体的情况占多数。目前，大肠杆菌病已成为影响养鸡业的传染病之一。在临床诊疗过程中，大肠杆菌病一般不单独发生，常与支原体病、新城疫、禽流感、球虫病、传染性支气管炎等疾病混合感染，导致治疗难度加大，鸡群的死亡率升高。

（一）流行特点

大肠杆菌广泛存在于自然环境中，饲料、饮水、鸡的体表、孵化场、孵化器等各处普遍存在，因此，构成了养鸡全过程的威胁。本病的发病率和死亡率有较大差异。集约化养鸡在主要疫病得到基本控制后，大肠杆菌病有明显的上升趋势，已成为危害鸡群的主要细菌性疾病之一。

大肠杆菌为条件性致病菌，因此一年四季均可发生，尤其在多雨、闷热、潮湿季节多发。不同日龄的鸡均可感染，饲养管理水平不同、环境卫生的好坏、防制措施是否得当及有无继发其他疫病等都是本病的诱发因素。

本病在雏鸡阶段、育成期和成年产蛋鸡均可发生，雏鸡呈急性败血症；成年产蛋鸡往往在开产阶段发生，死亡率增高，影响产蛋，生产性能不能充分发挥。若在种鸡场发生，会直接影响到种蛋孵化率、出雏率，造成孵化过程中死胚和毛蛋增多，健雏率低。

（二）临床症状

1. 初生雏鸡脐炎型

俗称"大肚脐"。多数与大肠杆菌感染有关。

一种情况是，发生在出壳初期，病鸡表现为精神沉郁、虚弱，常扎堆在一起，少食或不食；腹部大，脐孔及其周围皮肤发红，水肿或发蓝黑色，有刺激性臭味，卵黄不吸收或吸收不良。此种病鸡多在1周内死亡或淘汰。

另一种情况是，病鸡主要表现为下痢，除精神、食欲差外，排泥土样粪便，病鸡1~2天开始零星死亡，死亡无明显高峰。

2. 眼球炎型

病鸡精神萎靡、闭眼缩头、采食减少、饮水量增加，眼球炎多为一侧性，少数为两侧性。病鸡眼睑肿胀，眼结膜内有炎性干酪样物，眼房积水，角膜混浊，流泪怕光，严重时眼球萎缩、凹陷、失明等。病鸡下痢，排绿白色粪便，鸡体衰竭、抽搐死亡。

3. 生殖系统炎症型

生殖系统炎症主要包括输卵管炎、卵巢炎、输卵管囊肿。主要表现为鸡冠萎缩、下痢、食欲下降，产蛋量不高，产蛋高峰上不去或产蛋高峰维持时间短，鸡群死亡率增高。

4. 卵黄性腹膜炎型

病鸡体温升高，精神沉郁，缩颈闭眼，全身衰弱无力，鸡冠发紫，羽毛蓬松，不愿走动；食欲减退并很快废绝，喜饮少量清水；腹泻，粪便稀软呈淡黄色或黄白色，混有黏液，常污染肛门周围的羽毛；腹部明显增大下垂，触之敏感并有波动。

5. 败血型

败血型主要包括心包炎、肝周炎、气囊炎等。不管是在育雏期间，还是蛋鸡的整个生长过程，多是由于继发感染和混合感染所致。以夏季多发。病鸡呼吸困难，精神沉郁，羽毛松乱，下痢，粪便呈白色或黄绿色，食欲减退或废绝，腹部肿胀，很快死亡，病程较短，且易与支原体病、球虫病及新城疫等病毒病混合感染，造成的危害更大，死亡率更高。

6. 脑炎型

雏鸡和产蛋鸡多发，主要发生于 2～6 周龄的鸡。病鸡表现为下痢、蹲伏、垂头、闭目、嗜睡及歪头、扭颈、倒地、抽搐等症状。

7. 肠炎型

病鸡精神萎靡，闭眼缩头，采食量减少，饮水量增加，严重腹泻，肛门下方羽毛潮湿、污秽、粘连。

8. 关节炎型和滑膜炎型

病鸡跛行或卧地不起，腱鞘或关节发生肿胀，并伴有腹泻。

9. 肉芽肿型

在临床中很少见到，病死率比较高。

(三) 病理变化

1. 初生雏鸡脐炎型

病死的鸡可见卵黄没有吸收或吸收不良，卵脐孔周围皮肤水肿、皮下瘀血、出血、水肿，水肿液呈淡黄色或黄红色，卵黄囊充血、出血且囊内卵黄液黏稠或稀薄，多呈黄绿色。肝脏肿大，有时见散在的淡黄色坏死灶，肝包膜略有增厚；肠道呈卡他性炎症。

2. 眼球炎型

眼球炎型大肠杆菌病病理变化和临床症状相同。

3. 生殖系统炎症型

输卵管黏膜充血或输卵管管壁变薄，管腔内有不等量的干酪样物，严重时输卵管内积有较大块状物，块状物呈黄白色，切面呈轮层状，较干燥 (彩图15)。

较多的成年鸡还见有卵黄性腹膜炎，腹腔中见有蛋黄液广泛地分布于肠道表面。稍慢死亡的鸡腹腔内有多量纤维素性物黏在肠道和肠系膜上，形成腹膜炎。

4. 卵黄性腹膜炎型

病鸡输卵管感染发生炎症，大量卵黄落入腹腔内，形成卵黄性腹膜炎。

5. 败血型

败血型主要表现为心包炎 (彩图16)、肝周炎 (彩图17) 和气囊炎 (彩图18)。

肝包膜增厚、不透明呈黄白色，易剥脱，有的在肝表面形成纤维素性膜呈局部发生，严重的整个肝表面被此膜包裹，形成肝周炎，此膜剥脱后肝呈紫褐色。

心包增厚、不透明，心包积有淡黄色液体，最终形成心包炎。

胸、腹等气囊囊壁增厚呈灰黄色或混浊，囊内有数量不等的黄色纤维素性渗出物或干酪样物。

6. 脑炎型

脑膜充血、出血，脑实质水肿，脑膜易剥离，脑壳软化。

7. 肠炎型

腹膜充血、出血，肠浆膜变厚，形成慢性肠炎，有的形成慢性腹膜炎。

8. 关节炎型和滑膜炎型

主要见于关节肿大，关节腔内有纤维蛋白渗出或混浊的关节液，滑膜肿胀、增厚。

9. 肉芽肿型

心脏、胰脏、肝脏、回肠、盲肠和直肠（彩图 19）的浆膜上可见粟粒大灰白色肉芽肿结节，肠粘连不能分离；肝脏也可见不规则的黄色坏死灶，有时整个肝脏发生坏死。

（四）诊断要点

根据流行特点和较典型的病理变化，可以做出初步诊断，确诊需实验室检查。

（五）防控技术

鉴于该病的发生与外界各种应激因素作用有关，采取有效而合理的预防措施是降低本病发生率的关键。

1. 卫生管理措施

首先，加强对鸡群的饲养管理，逐步改善鸡舍的通风条件和严格执行消毒制度。

种鸡场应加强种蛋收集、存放和整个孵化过程的卫生消毒管理，尤其是雏鸡发生脐炎型大肠杆菌病时，更应该加强种鸡从饲养到孵化，再到出壳整个过程的消毒工作。

2. 认真落实鸡场兽医卫生防疫措施

目前的疫苗主要是针对常见的致病血清型制成的灭活苗，由于大肠杆菌血清型很多，不可能对所有养鸡场流行的致病血清型菌株具有免疫作用，因此，目前最常使用的方法是用当地分离的致病性菌株做"自家苗"进行免疫接种，保护率比较高。

3. 药物治疗

近年来，在防制本病过程中发现，大肠杆菌对药物极易产生耐药性，应进行药敏试验筛选敏感药物。对于已出现肝周炎、心包炎、气囊炎和腹膜炎的病鸡无治疗意义，应及时淘汰。

二、禽沙门氏菌病

禽沙门氏菌病是沙门氏菌属的某一种或多种沙门氏菌引起的禽类急性或慢性疾病的总称。

沙门氏菌是肠杆菌科中的一个大属，有2 000多个血清型，它们广泛存在于人和各种动物的肠道内。在自然界中，家禽是其最主要的储存宿主。禽沙门氏菌病根据抗原结构的不同可分为以下3类。

第一类：由鸡白痢沙门氏菌引起的疾病，称为鸡白痢。鸡白痢主要发生于雏鸡和蛋鸡，种鸡也会发生。

第二类：由鸡伤寒沙门氏菌引起的疾病，称为禽伤寒。禽伤寒常发生于育成鸡、成年鸡和火鸡。

第三类：由其他鞭毛、能运动的沙门氏菌引起的疾病，称为禽副伤寒。禽副伤寒主要发生于雏鸡和成年鸡。

鸡白痢和副伤寒有宿主特异性，主要引起鸡和火鸡发病，禽副伤寒则能广泛感染人和动物。目前，受其污染的家禽和相关制品已成为人类沙门氏菌和食物中毒的主要来源之一，因此，防制禽副伤寒沙门氏菌病具有重要的公共卫生意义。

随着家禽业的迅猛发展以及高密度饲养模式的推广，沙门氏菌病也成为家禽最重要的蛋传性细菌病之一，每年造成的经济损失非常大。

鸡白痢：

本病是由鸡白痢沙门氏菌引起的禽类传染病，主要危害鸡和火鸡。临床表现为雏鸡排白色糊状稀粪，死亡率高；成年鸡多为慢性经过或隐性经过。

（一）流行特点

鸡对本病最为敏感，各种日龄、品种和性别的鸡对本病均有易感性，但以2~3周龄的雏鸡常发，发病率和死亡率最高，常呈暴发性流行；成年鸡呈慢性经过或隐性感染。本病可垂直传播和水平传播。可经蛋垂直传播，被污染种蛋孵化率降低或孵出带菌雏鸡，并成为鸡场主要传染源；也可通过孵化器、被污染的饲料、饮水、垫料、粪便、鼠类和环境等水平传播。

（二）临床症状

病雏鸡常在排便时发出短促的尖叫声，怕冷，扎堆，排便困难，排白色粪便，在肛门周围黏聚有白色污物。目前，对鸡影响比较大的鸡白痢主要是肺炎型鸡白痢和雏鸡脑炎型鸡白痢。

1. 肺炎型鸡白痢

最早可在1日龄发病，初期表现轻微的呼吸道症状，中期呼吸加快，腹式呼吸，肛门口及其周围干净，后期常继发支原体病，或大肠杆菌病，增加死亡率，死亡鸡机体消瘦，侧卧，两腿后伸。

2. 雏鸡脑炎型鸡白痢

发病日龄为6~21日龄，多见于该病的中、后期，表现头颈低垂扭曲，或俯向胸前，或仰向后背部，以至滚翻等神经症状。

▲注意：成年鸡一般为慢性，表现为厌食，倦怠，面部苍白，冠萎缩，腹泻，产蛋率、受精率和孵化率均表现不同程度的

下降。

（三）病理变化

1. 雏鸡的病理变化

病死雏鸡肝脏肿大，外观呈砖红色，有出血斑点和条纹状出血，且有灰白和淡黄色的小坏死点（彩图20）。卵黄吸收缓慢或不吸收，有的卵黄呈干酪样或奶油状。肺表面呈现淡黄色混浊液体。心肌、盲肠、肌胃有时出现肉芽肿结节（彩图21）。盲肠内充满干酪样物，形成所谓的"盲肠芯"。脑膜充血，胆囊肿大、充满胆汁，肾充血或花斑肾。

2. 成年蛋鸡的病理变化

病鸡病理变化主要为卵巢炎和卵黄性腹膜炎。卵巢和卵泡变形、变性、坏死；卵泡的内容物变成油脂样或干酪样。病变的卵泡与卵巢脱落后掉到腹腔形成卵黄性腹膜炎并引起肠管与其他内脏器官粘连等。成年鸡常见腹水和纤维素性心包炎，心肌偶见灰白色小结节，胰腺有细小坏死点等。急性病例见肝脏明显肿胀、变性，呈黄绿色，表面凹凸不平，有纤维素性渗出物覆盖。

（四）诊断要点

根据发病日龄、流行特点和病理变化可初步诊断。若确诊需要进行实验室诊断，常用的方法有细菌学检查、血清学检测和生化实验等。

（五）防控技术

1. 净化鸡白痢

种鸡场定期进行检疫，一般每隔2～4周检疫1次，直到2次连续为阴性，2次之间的间隔不少于21天。同时扑杀带菌鸡，建立无白痢种鸡群。

2. 消毒

严把消毒关。尤其在每次孵化前后，都应对孵化器、蛋盘、出雏器、出雏盘等用具进行彻底消毒，并及时清除死胚、破蛋、粪便、蛋壳和羽毛等污物。种蛋、孵化器等用甲醛和高锰酸钾进行熏蒸消毒，孵化室内经常保持清洁卫生。

3. 饲养管理

尤其做好育雏期的饲养管理。注意通风换气，避免拥挤，勤换垫料，清除粪便，定期消毒。育雏室要保持适宜的温度、湿度，空气要新鲜。要喂全价料（无动物蛋白配方），饮水要充足。若发现病雏，要迅速隔离、消毒并治疗。

4. 药物预防

鸡出壳 24h 内，注射药敏试验筛选的敏感药物可起到较好的预防效果。

5. 药物治疗

确诊后，要根据药敏试验选择高敏药物进行治疗。

三、禽伤寒

禽伤寒是由鸡伤寒沙门氏菌引起鸡、鸭和火鸡的一种急性或慢性败血性传染病。特征是黄绿色下痢，肝脏肿大，呈青铜色，多见于生长期和产蛋期的母鸡。

（一）流行特点

鸡和火鸡对本病易感，常感染育成鸡、成年鸡和火鸡，偶尔引起人的食物中毒。病鸡和带菌鸡是主要传染源。本病可通过污染的饲料、饮水经消化道传播。带菌鸡产的蛋可垂直传播，孵化器和育雏室内可引起相互传播。

（二）临床症状

本病潜伏期一般为 4~5 天，具有发病率高、死亡率低的特点。

病鸡冠、髯苍白，食欲废绝，渴欲增加，体温升至 43℃以上，喘气和呼吸困难，腹泻，排淡黄绿色稀粪（主要见于青年鸡和成年鸡）或排白色稀粪（多见于雏鸡）。发生腹膜炎时，呈直立姿势。康复后成为带菌鸡。

（三）病理变化

病死的雏鸡病变和鸡白痢相似，特别是肺和心肌常见到灰白色结节状病灶。青年鸡和成年鸡病程稍长的病例多见肝肿大变红，呈淡棕绿色或古铜色（彩图22），心肌和肝表面有粟粒样灰白色小病灶；胆囊充斥胆汁而膨大；脾脏和肾脏呈显著充血肿大，表面有细小坏死灶；心包发炎、积水。患病蛋鸡卵泡出血、变形和变色，因卵泡破裂常引起腹膜炎、小肠卡他性炎症，十二指肠有点状或斑点状出血，肠道内容物多为胆汁，盲肠有土黄色干酪样栓塞物，大肠黏膜有出血斑，肠管间发生粘连。

（四）诊断要点

根据流行特点、临床症状和典型的青铜肝、病理变化可以做出初步诊断，确诊需要进行病原菌的分离培养鉴定、生化试验和血清学试验，其方法与鸡白痢沙门氏菌诊断相同。

（五）防控技术

本病的防控同鸡白痢，但关键在于：加强饲养管理和卫生管理，最大限度减少外来疾病的侵入；通过净化措施，建立起健康鸡群，从根本上切断传播途径，合理使用药物进行预防与治疗。

四、禽副伤寒

禽副伤寒主要发生于雏鸡和成年鸡，常呈地方性流行。

本病菌为革兰阴性短杆菌，无芽孢和荚膜，有鞭毛能运动。本菌对热敏感，为人类食源性疾病，本病的致病性与菌体的内毒素有关。

（一）流行特点

主要危害2～5周龄的雏鸡，死亡率达20%，青年鸡和成年鸡为慢性经过或隐性感染。带菌鸡和病鸡是主要传染源。被感染的蛋、料、水、用具、孵化器、育雏器、环境及鼠类和昆虫等均是传播媒介。主要经蛋垂直传播，也可经呼吸道和消化道水平传播，经蛋垂直传播使疾病的清除更为困难。闷热、潮湿、拥挤的鸡舍，球虫病、传染性法氏囊病及营养代谢病等疾病会明显增加鸡对本病的易感性，加速本病的流行。

（二）临床症状

禽副伤寒在雏鸡多呈急性或亚急性经过，与鸡白痢相似，而成年鸡一般为慢性经过，呈隐性感染。

雏鸡多在 2 周龄内发病，表现为厌食，饮水增加，垂头闭眼，两眼下垂，怕冷挤堆，离群，嗜睡，呆立，抽搐；有的眼盲或结膜炎，排淡黄绿色水样稀粪，肛门周围有稀粪沾污，呼吸困难，常于 1～2 天后死亡。

成年鸡感染后少见发病，成为带菌者。个别鸡有轻微症状，少食、下痢、脱水、生产性能降低，可康复痊愈。

（三）病理变化

最急性型的鸡一般没有明显的病变，有时出现肝脏肿大，胆囊充盈。

雏鸡病程稍长者表现为脐炎，卵黄凝固；肝、脾充血或呈出血性条纹或点状坏死灶；严重时肾充血，出现心包炎并粘连；十二指肠出血性肠炎最突出，盲肠肿大，有时见淡黄色干酪样物堵塞。

成年鸡消瘦，出血性或坏死性肠炎；肝、脾、肾充血肿大；心脏有灰白色坏死结节；卵泡偶有变形，卵巢有化脓性或坏死性病变，常发展为腹膜炎。

（四）诊断要点

根据流行特点、临床症状和病理变化可以作出初步诊断，确诊需要进行病原菌的分离培养与鉴定、生化实验等。

（五）防控技术

参考鸡白痢，药物治疗可以降低由急性副伤寒引起的死亡，并有助于控制此病的发展，但不能从根本上消灭本病。

五、禽霍乱

禽霍乱又称禽巴氏杆菌病、禽出血性败血症（简称禽出败），是由多杀性巴氏杆菌引起的主要侵害禽类的一种接触性传染病。急性病例表现为突然发病，下痢、败血症和高死亡率。病理变化是全身黏膜、浆膜可见小点状出血，出血性肠炎及肝脏有坏死点；慢性病例鸡冠和肉髯水肿，关节炎，病程较长，死亡率低。

（一）流行特点

本病可引起多种禽发病，具有发病急、死亡快的特点，以秋末、春初为多发，常呈流行性。可通过消化道、呼吸道及皮肤创伤传播，尤其是在饲养密度较大、舍内通风不良等情况下，通过呼吸道传播的可能性更大。病鸡的尸体、粪便、分泌物和被污染的用具、土壤、饮水等是传播的主要媒介。病菌是一种条件性致病菌，常存在于健康禽的呼吸道及喉头，在某些健康鸡体内也存在该菌，当饲养管理不当、鸡舍阴暗潮湿、天气突变、营养缺乏等使鸡机体抵抗力减弱时，均可引起发病。

（二）临床症状

本病潜伏期 2～7 天。

在临床中分为最急性型、急性型和慢性型 3 种类型。

1. 最急性型

主要发生于产蛋高峰期的鸡。暴发最初阶段，几乎见不到症状，病鸡突然倒地死亡，一般在早晨突然发现死鸡。

2. 急性型

大部分由最急性型病例转化而来，病鸡表现为精神沉郁，羽毛松乱，呼吸困难，口鼻流出多量黏液并混有泡沫；鸡冠和肉髯发紫，肉髯常发生水肿、发热和疼痛；剧烈腹泻，排淡黄、绿色粪便，体温升高到43℃以上，多在1～3天内死亡，蛋鸡产蛋量减少或停止。

3. 慢性型

多流行于发病后期或由急性型病例转化而来，或由毒力较弱的菌株感染引起。病鸡表现为肉髯、鸡冠、耳边发生肿胀或坏死，关节肿胀、化脓等；有的表现呼吸道症状；有的腹泻；脑膜感染时可见斜颈；有时可见鼻窦肿大，鼻腔分泌物增多，且分泌物有特殊臭味，病程可达几个星期，最后衰竭死亡。

（三）病理变化

1. 最急性型

可见冠、肉髯紫红色，心外膜有出血点，肝表面有针尖大的灰黄色或灰白色坏死点，但有时没有灰白色的坏死点。

2. 急性型

病死鸡皮下组织、腹腔脂肪及肠系膜、浆膜和黏膜有大小不等的出血点。胸腔、腹腔、气囊和肠系膜上有纤维素性或干酪样灰白色渗出物。十二指肠等肠道的黏膜充血、出血，内容物含血液，有的肠系膜上覆盖黄色纤维素性物。肝肿大、质脆，呈紫红色，或棕黄色，或棕红色，表面有针尖大小的灰黄色或灰白色坏死点，有时见点状出血。心冠脂肪及冠状沟和心外膜上有出血点，心包积有淡黄色液体，混有纤维素性物。肺有出血点或有实变区。

3. 慢性型

鼻腔、气管和支气管呈卡他性炎症。肺质地较硬。肉髯水肿、坏死。腿或翅膀的关节肿大、变形，有炎性渗出物和干酪样坏死。产蛋鸡的卵巢出血，卵黄破裂后形成卵黄性腹膜炎。

（四）诊断要点

根据流行特点、临床症状、病理变化和实验室诊断就可确诊。但是，在临床实践中，需做好与禽流感等病的鉴别诊断。

（五）防控技术

1. 加强日常管理工作，采取综合防制措施

加强日常饲养管理，减少应激因素，使鸡群保持一定的抵抗力。搞好环境卫生，及时、定期进行消毒，以切断各种传播途径。从无病鸡场购买鸡苗；新引进的鸡要隔离饲养半个月，观察无病方可混群饲养。立即对发病的场所、饲养环境和管理用具等彻底消毒；粪便及时清除，堆积发酵后利用；病死鸡要全部烧毁或深埋。

2. 免疫接种

使用的菌苗有弱毒菌苗和灭活菌苗，菌苗的种类较多，可按需选用，禽霍乱－大肠杆菌多价二联蜂胶灭活苗为常规预防和控制两病的首选疫苗。

3. 发病后的措施

发病后可根据药敏试验结果选用敏感药物治疗。

六、传染性鼻炎

传染性鼻炎是由副鸡嗜血杆菌引起的一种急性呼吸道疾病，其特征是鼻窦发炎、打呼噜、流涕、流泪、面部肿胀、结膜炎。本病可在育成鸡群和蛋鸡群中发生，造成生长停滞、淘汰率增加及产蛋率显著下降。本病具有"三好"、"三坏"典型特点：即一用药就好，天气好就好，环境好就好；一停药就发病，天气不好就发病，环境不好就发病。

（一）流行特点

本病只感染鸡，自然发病见于产蛋鸡，青年鸡也多发，具有发病率高和死亡率低的特点。病鸡和带菌鸡是传染源。本病秋、冬季节多发，以飞沫、尘埃经呼吸道传播为主，可由被污染的饮水、饲料等经消化道传播。气候突变、过分拥挤、通风不良等可诱发本病，发病后造成青年鸡生长缓慢和蛋鸡产蛋率下降。

（二）临床症状

本病潜伏期 1～3 天，传播快，表现为鼻炎和鼻窦炎。

病鸡初期精神不振，流泪，打喷嚏，甩头，鼻道和鼻窦内有分泌物，鼻涕似清水或黏稠、脓性物，脓性物干后在鼻孔周围凝结成淡黄色的结痂；后期眼出现结膜炎，流泪，颜面、肉髯和眼周围肿胀如鸽卵大小，甚至波及颈部下颌和肉髯的皮下组织，炎症蔓延到下呼吸道时，咽喉被分泌物阻塞，出现张口呼吸、啰音，病鸡因窒息死亡。

蛋雏鸡生长不良，产蛋鸡开产推迟或产蛋减少，种鸡受精率、孵化率下降，弱雏较多。

（三）病理变化

病变主要见于鼻窦部肿胀，鼻窦、眶下窦和眼结膜囊内蓄积有黄色黏稠分泌物或干酪样物。鼻窦腔内有大量豆腐渣样渗出物，上呼吸道黏膜充血、出血，并有黏稠分泌物。病程较长的可见眼结膜充血、出血。

（四）诊断要点

根据流行特点、临床症状和病理变化可以做出明确的诊断，若确诊仍需实验室检查，在临床实践中，常使用棉拭子取眼、鼻腔或眶下窦分泌物，在血琼脂平板上与金黄色葡萄球菌交叉接种，在 5%～10% CO_2 环境中培养，可见葡萄球菌菌落周围有明显的"卫星"现象，其他部位不见或少见有细菌生长。

（五）防控技术

1. 疫苗接种

疫苗接种是防制本病的有效措施。国内有两种疫苗，A 型油乳剂灭活苗和 A 型-C 型二价油乳剂灭活苗。建议免疫程序：35～40 日龄鸡首免，每羽注射 0.3ml；110～120 日龄二免，每羽注射 0.5ml。但在疫区免疫前先用 5～7 天抗生素，以防带菌鸡发病。现已研制成"传染性鼻炎和新城疫二联油乳剂灭活苗"

可供选用，如 21 日龄首免，120 日龄再免，免疫后保护期可达 9 个月。

2. 加强饲养管理和消毒

本病为条件性致病菌，本病的发生与环境及应激等有很大的关系，因此，要加强饲养管理，鸡舍保持良好的通风，并注重卫生消毒，使用优质饲料。全面贯彻执行"生物安全"保障体系，提高机体的抵抗力，对本病有很好的预防效果。

3. 药物治疗

发病后常用的治疗药物如磺胺类药物、泰乐菌素可溶性粉、硫氰酸红霉素可溶性粉等；对于发病急的鸡群可以肌内注射链霉素或泰乐菌素等敏感药物。

七、鸡铜绿假单胞菌病

鸡铜绿假单胞菌病是由铜绿假单胞菌感染引起的雏鸡和育成鸡的局部或全身性感染。

（一）流行特点

铜绿假单胞菌普遍存在于土壤、水以及潮湿的环境中，属于条件致病菌，可引起鸡的呼吸道病、窦炎、角膜炎、角膜结膜炎和创伤感染。各种年龄的鸡均易感，但以雏鸡和处于应激状态或免疫缺陷鸡更易感。与其他病毒和细菌协同致病时，鸡对铜绿假单胞菌的敏感性会发生改变。发病率和死亡率一般在 2% ~ 10%，最高可达 100%。当它侵入易感鸡组织时，可引发败血症，并留下后遗症。另外，在高湿度条件下，铜绿假单胞菌能消化掉蛋壳表面的保护层。细菌侵入受精卵后，可致胚胎或刚出壳的幼雏因脐炎和卵黄感染死亡。当注射了被污染的疫苗和抗生素溶液时，可造成本病严重暴发，这种情况往往是由于操作时消毒不严格，并非疫苗本身的问题。与感染鸡接触以及密集、连续饲养不同日龄的鸡容易流行本病。

（二）临床症状

大多数鸡铜绿假单胞菌感染后可引起死亡。死亡通常很快，感染 24～72h 死亡。临床症状取决于是局部感染，还是全身性感染，症状包括精神不振、发育缺陷、疲倦、跛行、运动失调，头、肉垂、窦、跗关节或爪垫等部位发生肿胀、呼吸道疾病、腹泻以及结膜炎等。或其通过咽鼓管接种后，出现歪颈症状，与禽霍乱不易区别。

（三）病理变化

本病病变包括皮下水肿和纤维素性渗出，偶见出血，关节积液；胸肌坏死（彩图 23）、浆液性化脓性炎和纤维素性化脓性炎（彩图 24）；浆膜的炎症与大肠杆菌性败血症（气囊炎、心包炎、肝周炎）很相似；肺炎；肝、脾、肾和脑等组织的肿胀、坏死；化脓性结膜炎，偶见角膜炎；成年蛋鸡输卵管炎和卵巢炎。显微镜下，大多数组织（包括大脑）的血管内及其周围的区域可见有大量细菌存在。

（四）诊断要点

根据流行特点、临床症状和病理变化可以做出初步的诊断，若确诊需进行铜绿假单胞菌的分离、鉴定及血清学检查。

（五）防控技术

预防和控制本病首先要找出和消灭传染源。保持孵化器的卫生、给鸡注射时严格消毒是控制本病的先决条件。疫苗配制及注射时对设备的清洁消毒、使用灭菌器具，可以有效控制疫苗接种时铜绿假单胞菌感染。有条件时，最好要确定分离菌株对孵化器消毒液的敏感性。减少应激因素，防止其他病毒和细菌等感染，有助于降低鸡对本病原的易感性。

于发病早期应用敏感抗生素治疗可以减少损失。由于鸡铜绿假单胞菌对多种抗生素有耐药性，用药前应做药敏试验。在治疗结膜炎时，饮水中添加一些维生素 A 和高锰酸钾有助于增强抗生素的疗效。

八、鸡葡萄球菌病

鸡葡萄球菌病是由金黄色葡萄球菌引起的急性或慢性传染病。临床上有多种病型，常见的有急性败血症型，脐炎，皮肤出血、水肿，关节炎和眼炎等。

（一）流行特点

金黄色葡萄球菌在自然界中分布很广，是鸡体表的常在菌。雏鸡感染发病，经常与皮肤或黏膜损伤相关，例如，断喙、刺种疫苗、啄伤等都可引起本病的暴发；雏鸡雌雄鉴别，也有可能造成本病的发生，其他如种蛋受污染，可引起死胚增加，孵化率降低；空气污染，可通过呼吸道感染发病。饲养密度过大，舍内通风不良，均是本病发生和流行的诱因。雏鸡最易发病，常呈急性败血症经过，死亡率高。成年鸡多为慢性或局部感染。本病一年四季均可发生，以天气闷热的雨季发病较多。

（二）临床症状

急性葡萄球菌病，一般多呈败血症经过，表现精神萎靡，呆立，不愿走动，两翅下垂，缩颈，眼半闭，呈昏睡状态，食欲废绝，死亡很快，死亡率在 30% 以上，有时高达 50%。雏鸡多表现脐部发炎、肿胀，腹围大，胸腹部、大腿内侧皮下水肿，触之有波动感，呈蓝紫色，穿刺有黄褐色液体流出；中雏多表现翅膀和腿肿胀，皮肤呈紫红色，有出血、破溃。慢性病例表现为眼炎，单侧或双侧性眼睛肿胀，羞明流泪，有时有脓性分泌物，使眼睑封闭，导致失明。有的表现为关节炎，病鸡多个关节发生肿胀，跗（或趾）关节较为多见，局部呈紫红色或紫黑色，有的破溃后形成黑色痂皮。

（三）病理变化

急性败血症的病死鸡胸腹部脱毛，皮肤呈紫黑色水肿，有的自然破溃，流出紫黑色液体，皮下出血、胶陈样水肿，肌肉有斑点状出血。肝脏、脾脏可见有灰黄色坏死灶，肠黏膜有出血性炎症。经呼吸道感染的病例，肺脏呈紫黑色，质度软，无弹性。心脏稍肿，心包膜增厚，心包液混浊，呈淡黄色。关节炎型病例，在肿大的关节囊、滑液囊和腱鞘内，有浆液性或脓性渗出物。脐炎型，脐孔不合，红肿，卵黄吸收不良，积有脓血样物。

（四）诊断要点

根据流行特点、临床症状和病理变化可以做出初步的诊断，若确诊，需进行金黄色葡萄球菌的分离、鉴定及血清学检查。

（五）防控技术

为防止本病发生，要加强鸡群的饲养管理，鸡笼和鸡舍内不要有尖锐物，以免翅膀、趾部等处皮肤受刺伤。在刺种鸡痘疫苗或注射接种其他病疫苗时，要做好皮肤消毒。同时，在配合饲料内，连续加用 3~5 天抗菌药。搞好消毒或环境卫生。或根据药敏试验选用敏感药物，进行早期治疗。

九、鼻气管鸟杆菌感染

鼻气管鸟杆菌病是由鼻气管鸟杆菌（ORT）引起的一种接触性传染病，可引起鸡呼吸紊乱、生长缓慢和死亡。因禽类的死亡率和淘汰率升高、产蛋量减少、生长缓慢等而造成严重的经济损失。

（一）流行特点

ORT 对所有日龄家禽都易感。本病易并发大肠杆菌、禽波氏杆菌、新城疫病毒、传染性支气管炎病毒、禽肺病毒、滑液囊支原体和鹦鹉热衣原体感染。该病原菌既可通过气溶胶和饮水直接或间接接触而发生水平传播，也能垂直传播。

（二）临床症状

暴发本病后，临床症状、疾病持续时间和死亡率有很大差异，受多种环境因素的影响，如管理不善、通风不良、高密度饲养、垫料差、卫生条件差、氨气浓度高、并发感染和激发感染等。病鸡精神沉郁、采食量减少、增重减缓、一过性流鼻液、打喷嚏，随后出现脸部水肿。ORT 感染幼雏脑颅可引起猝死（两天内死亡可高达 20%）。商品蛋鸡感染 ORT 可引起产蛋下降、畸形蛋增多和死亡率上升。较大日龄鸡感染 ORT 还可导致神经症状或关节炎、骨炎和骨髓炎而导致瘫痪。

（三）病理变化

常见的病变包括肺炎、胸膜炎和气囊炎。剖检时，可见气囊(尤其是腹部气囊) 有酸奶样白色泡沫渗出物，多伴有一侧肺炎。有时可见鸡颅部皮下水肿、骨炎、骨髓炎和脑炎。

（四）诊断要点

根据典型的剖检病变和组织学病变，以及分离到 ORT 即可确诊该病。

（五）防控技术

1. 管理措施

ORT 具有高度接触传染性，应采取严格的生物安全措施防止其传入鸡群。一旦某鸡群被感染，即可引起流行，特别是家禽饲养密集区。

2. 治疗

根据药敏试验选用敏感药物，进行早期治疗。

第三节　支原体病和禽衣原体病

一、鸡慢性呼吸道病

鸡慢性呼吸道病是由鸡毒支原体（MG）感染引起的一种以呼吸性啰音、咳嗽、流鼻涕、结膜炎为特征的慢性传染病。

（一）流行特点

各种日龄的鸡均易感，6周龄以上的雏鸡常发。本病一年四季均可发病，但以秋冬季节舍饲雏多发。病鸡和带菌鸡是主要传染源，其排泄物中含有大量病原体，健康鸡与病鸡直接接触，很容易引起本病的暴发。病鸡分泌物污染了空气、饲料、饲养设备，也可引起间接接触性传染。在病鸡精液或输卵管内，也含有鸡毒支原体，可通过交配传染；被病原体污染的种蛋也可垂直传播。鸡舍通风不良，饲养密度大，拥挤，维生素类营养物质缺乏，是本病发生和流行的诱因。

（二）临床症状

本病潜伏期为6~21天，病程可长达1个月以上。病初症状轻微，可见鼻流清涕，眼流泪，逐渐出现咳嗽，从鼻孔流出黏液，且经常堵塞鼻孔，造成甩头、张口喘息等呼吸困难症状。眼分泌液增多，由黏性分泌液变为脓性分泌物，眼睑肿胀。眶下窦肿胀，食欲降低或废绝，生长发育迟缓，逐渐消瘦。

（三）病理变化

呼吸道黏膜红润增厚，有黏液性分泌物；肺部（特别是肺门部）有炎性病灶；气囊壁增厚混浊，或有干酪样渗出物。如果与大肠杆菌合并感染会出现纤维素性肝周炎、心包炎。面部皮下组织和眼睑明显水肿，偶见角膜混浊。

（四）诊断要点

根据典型的剖检病变和病原分离鉴定或血清学试验即可确诊该病。

（五）防控技术

①为了保证鸡群无支原体感染，必须保证种群来源于无支原体感染群，然后采取严格的生物安全措施防止疾病传入。如采用快速平板凝集试验（SPA）检查卵黄中的抗体，淘汰阳性鸡和可疑阳性鸡，结合卫生管理措施，培育健康种鸡群。

②免疫接种 MG 油乳剂灭活苗或 MG 弱毒苗，均有良好的免疫效果。雏鸡 7 日龄、20 日龄，用灭活苗肌内注射 1 个剂量作基础免疫；60 日龄用弱毒苗进行点眼免疫。

③预防性给药：对种鸡群，可选用 2～3 种敏感性抗菌药物，进行预防性给药。药物要交替应用，混饲与混饮相结合，保持种蛋无菌，防止该病经蛋传递。

④雏鸡转入育雏舍后，用替米考星连续饮水 3～4 天，可起到良好的防治效果。对发病鸡群，要及时用敏感药物治疗。

二、禽衣原体病

禽衣原体病是由鹦鹉热衣原体引起禽的一种急性或慢性接触性传染病。

（一）流行特点

本病在世界范围内均有发生。鹦鹉热衣原体可感染多种家禽和鸟类，但不同种禽的易感性不同。幼龄家禽较成年禽更易感。主要经口或呼吸道感染。感染鸟的呼吸道分泌物和粪便中含有大量衣原体，因此，应警惕野鸟与家禽的密切接触而传染。近年来，鸡感染衣原体有增多的倾向。

（二）临床症状

本病的潜伏期因吸入衣原体的数量和毒株的毒力不同而不同，一般为 2～8 周。鸡群受衣原体的感染大多数为自然感染，症状表现肿头，产蛋下降。幼鸡可发生急性感染，出现死亡。

（三）病理变化

急性病死鸡剖检可见结膜炎、纤维素性心包炎、肝周炎和气囊炎。常见输卵管有大小不等的囊泡形成。

（四）诊断要点

根据典型的剖检病变和病原分离鉴定即可确诊该病。

（五）防控技术

目前，尚无商品化衣原体疫苗。控制衣原体病的最佳方法是使家禽不与野禽和任何污染的器具接触，同时搞好消毒和环境卫生，限制人员的活动范围，不让参观者随意进入鸡舍。当发生衣原体病时，可在1kg饲料中加入0.8～1.0g四环素、土霉素或环丙沙星。

第四节　寄生虫病

一、鸡球虫病

鸡球虫病是由原虫中的艾美耳科艾美耳属的球虫引起的鸡常见且危害十分严重的寄生虫病，该病给养鸡业造成了巨大的经济损失。

（一）流行特点

雏鸡的发病率和致死率均较高。病愈的雏鸡生长受阻，增重缓慢；成年鸡多为带虫者，但增重和产蛋能力降低。鸡感染球虫是由于吞食了散布在土壤、地面、饲料和饮水等外界环境中的感染性卵囊。各个品种的鸡均有易感性，15～50日龄的鸡发病率和致死率都较高，成年鸡对球虫有一定的抵抗力。病鸡是主要传染源，凡被带虫鸡污染过的饲料、饮水、土壤和用具等，都有卵囊存在。鸡感染球虫的途径主要是吃了感染性卵囊。管理人员及其服装、用具等以及某些昆虫都可成为机械传播者。饲养管理条件不良，鸡舍潮湿、拥挤、卫生条件恶劣时，最易发病。在潮湿多雨、气温较高的梅雨季节易暴发球虫病。球虫虫卵的抵抗力较强，在外界环境中一般的消毒剂不易破坏，在土壤中可保持生活力达4～9个月，在有树荫的地方可达15～18个月。卵囊对高温和干燥的抵抗力较弱。

（二）临床症状

病鸡精神沉郁，羽毛蓬松，头蜷缩，食欲减退，嗉囊内充满液体，鸡冠和可视黏膜苍白，逐渐消瘦，病鸡常排红色胡萝卜样粪便，若感染柔嫩艾美耳球虫，开始感染时，粪便为咖啡色，以后变为完全的血粪，如不及时采取措施，致死率可达50%以上。若多种球虫混合感染，粪便中带血液，并含有大量脱落的肠黏膜。

（三）病理变化

病鸡消瘦，鸡冠与黏膜苍白，内脏变化主要发生在肠管，病变部位和病变程度与球虫的种别有关。柔嫩艾美耳球虫致病力最强，主要侵害盲肠，两支盲肠显著肿大，可为正常的3～5倍，肠腔中充满凝固的或新鲜的暗红色血液。毒害艾美耳球虫损害小肠中1/3段，肠壁扩张、增厚，有严重的坏死，在裂殖体繁殖的部位，有明显的淡白色斑点，黏膜上有许多小出血点，肠管中有凝固的血液或有胡萝卜色胶胨状的内容物。巨型艾美耳球虫损害小肠中段，可使肠管扩张，肠壁增厚；内容物黏稠，呈淡灰色、淡褐色或淡红色。堆型艾美耳球虫寄生于十二指肠及小肠前段，被损害的肠段出现大量淡白色斑点。哈氏艾美耳球虫损害小肠前段，肠壁上出现大头针头大小的出血点，黏膜有严重的出血。若多种球虫混合感染，则肠管粗大，肠黏膜上有大量的出血点，肠管中有大量的带有脱落的肠上皮细胞的紫黑色血液。

（四）诊断要点

可根据流行特点、临床症状、剖检病变作出初步诊断。生前用饱和盐水漂浮法或粪便涂片查到球虫卵囊。死后取肠黏膜触片或刮取肠黏膜涂片查到裂殖体、裂殖子或配子体，均可确诊为球虫感染。但由于鸡的带虫现象极为普遍，因此，是不是由球虫引起的发病和死亡，应根据流行特点、临床症状、病理剖检情况和病原检查结果进行综合判断。

（五）防控技术

成鸡与雏鸡分开喂养，以免带虫的成年鸡散播病原，引起雏鸡暴发球虫病。加强饲养管理：保持鸡舍干燥、通风和鸡场卫生，定期清除粪便，堆放；发酵以杀灭卵囊。保持饲料、饮水清洁，笼具、料槽、水槽定期消毒。每千克日粮中添加 0.25 ~ 0.5mg 硒可增强鸡对球虫的抵抗力。补充足够的维生素 K 和给予 3~7 倍推荐量的维生素 A 可加速鸡患球虫病后的康复。

此外，应用鸡胚传代致弱的虫株或早熟选育的致弱虫株给鸡免疫接种，这些疫苗只能保护鸡只不再感染疫苗中含有的球虫虫种。

通过化学治疗来控制球虫病。早期化学治疗的重点是在感染症状出现之后，用磺胺类药物或其他化合物进行治疗。

抗球虫药使用方案有以下几种：单一药物的连续使用，即在育雏期和生长期均使用同一种药物。穿梭用药，在育雏期和生长期使用不同的药物。轮换用药，即根据季节或定期更换药，即每隔 3 个月或半年或者在一个饲养周期结束后，改换一种抗球虫药或将药效已经开始下降的抗球虫药换下来，但要注意变换的抗球虫药不能属于同一类型的药物，以免产生交叉耐药性。

二、住白细胞原虫病

住白细胞虫病，也称白冠病，是由疟原虫科的住白细胞原虫属的住白细胞原虫寄生于鸡的血细胞和一些内脏器官中引起的一种血孢子虫病。

（一）流行特点

它分布于中国台湾、广东、广西壮族自治区、海南、福建、江苏、陕西、河南、河北等地。在中国，寄生于鸡体的住白细胞原虫主要有两种：考氏住白细胞原虫和沙氏住白细胞原虫，前者的传播媒介是库蠓，后者的传播媒介是蚋。

考氏住白细胞原虫病的发生及流行与库蠓的活动有直接关系。当气温在20℃以上时，库蠓繁殖快，活力强，本病发生和流行也就日趋严重。热带、亚热带地区气温高，本病可常年发生。我国北方多发生于5~10月，6~8月为发病高峰期。本病多发于3~6周龄雏鸡，病情最重，死亡率可高达50%~80%；中鸡也会严重发病，但死亡率不高，一般在10%~30%；成鸡死亡率通常为5%~10%。来航蛋鸡等外来品种鸡对本病较本地黄鸡更为易感，发病和死亡较严重。

（二）临床症状

考氏住白细胞原虫严重感染的病鸡，常因内出血、咯血和呼吸困难而突然死亡。特征性症状是死前口流鲜血，因而常见水槽和料槽上带有病鸡咯出的红色鲜血。中鸡和成鸡感染本病，死亡率一般不高，临诊症状是白冠，拉稀，粪便呈白色或绿色水状，产蛋量下降。

（三）病理变化

全身皮下出血；肌肉出血，常见胸肌和腿肌有出血点或出血斑；内脏器官广泛出血，其中，以肺、肾和肝最为常见。胸肌、腿肌、心肌以及肝、脾等实质器官常有针尖大至粟粒大的白色小结节，这些小结节与周围组织有明显的分界，它们是裂殖体的聚集点。感染的产蛋母鸡输卵管子宫部水肿。

沙氏住白细胞原虫引起鸡贫血、浓的口水和两腿麻痹。

（四）诊断要点

可根据临诊症状、剖检病变及发病季节做出初步诊断。从病鸡的血液涂片或脏器（肝、脾、肺、肾等）涂片中，或从肌肉小白点的组织压片中发现配子体或裂殖体即可确诊。亦可采用琼脂凝胶扩散试验来进行血清学检查。

（五）防控技术

根据当地以往本病发生的历史，在本病即将发生或流行初期，进行药物预防。

①乙胺嘧啶。按 1mg/kg 拌料有预防作用，但不能治愈。

②磺胺二甲氧嘧啶。按 10mg/kg 拌料有预防作用，但不能治愈。

③应用驱虫剂杀灭鸡舍及周围环境中的媒介昆虫，或防止其进入鸡舍。

三、鸡绦虫病

鸡绦虫病是由戴文科赖利属和戴文属的节片戴文绦虫、棘沟赖利绦虫、四角赖利绦虫和有轮赖利绦虫等引起的一类肠道寄生虫病，主要寄生于鸡的十二指肠、空肠段，可引起患病鸡贫血、消瘦，产蛋率降低，蛋壳颜色、质量改变；雏鸡感染因鸡体体质下降而容易感染其他疾病，导致伤亡。

（一）流行特点

本病在不同季节以及各年龄段鸡群均可感染，且以雏鸡的易感性最强，夏季较为多见。被病鸡粪便污染的土壤、饮水、饲料是传播本病的重要感染源。

（二）临床症状

早期感染没有明显的临床症状，随着肠道内绦虫的生长和数量的增加，病鸡生长发育停滞或体重减轻，精神萎靡不振，羽毛松乱；有鸡冠、肉髯苍白等贫血表现；粪便中偶尔可见胡萝卜样的红色粪便，并有米粒大小的白色绦虫节片出现；蛋鸡产蛋率下降或停止上升，蛋壳质量下降、颜色着色不匀。

（三）病理变化

寄生虫大多寄生于十二指肠到空肠段，虫体乳白色、呈结节状，头节吸附于肠黏膜，导致吸附部位浆膜和黏膜面可见斑块状出血，使肠腔内可见红色胡萝卜样内容物。绦虫多的情况下，可导致肠道阻塞。后端回肠至直肠内容物有米粒大小的乳白色绦虫节片。

（四）诊断要点

可根据鸡群排胡萝卜样红色粪便，同时，粪便中有乳白色绦虫节片，空肠段绦虫虫体予以确诊。

（五）防控技术

阿苯达唑：按每千克体重 15～20mg 计算，混于饲料中投服；间隔一周后复用一次。

吡喹酮：按照每千克体重 10～30mg，一次性口服。

溴氰酸槟榔素：每千克体重 1～1.5mg，一次性饮水服用。

第七章

鸡病类症鉴别诊断

一、鸡病的诊断方向

主要症状与病变	相关的疾病
出现神经症状	高致病性禽流感、新城疫、马立克氏病、鸡传染性脑脊髓炎、维生素 E 和硒缺乏症、大肠杆菌病（脑炎型）、肉毒梭菌中毒、食盐中毒、叶酸缺乏症、维生素 B_1 缺乏症、维生素 B_6 缺乏症
鸡冠和面部肿胀	鸡霍乱、禽流行性感冒、鸡痘、大肠杆菌病、鸡传染性鼻炎、鸡衣原体病、鸡慢性呼吸道病、肿头综合征、维生素 A 缺乏症
皮肤出血、坏死等	大肠杆菌病、葡萄球菌病、马立克氏病、鸡痘、维生素 B_3 缺乏症、维生素 H 缺乏症、泛酸缺乏症、锌缺乏症
呼吸困难	新城疫、鸡传染性鼻炎、鸡慢性呼吸道病、传染性支气管炎、鸡传染性喉气管炎、鸡痘、禽流行性感冒
出现肝炎及肝脏病变	禽霍乱、鸡白痢、鸡伤寒、鸡副伤寒、大肠杆菌病、鸡结核病、鸡弯曲杆菌肝炎、组织滴虫病、包涵体肝炎、禽淋巴细胞性白血病、马立克氏病、网状内皮组织增殖症、鸡慢性呼吸道病、鸡曲霉菌病、梭菌感染、禽丹毒
肺脏及气囊病变	鸡白痢、鸡慢性呼吸道病、鸡结核病、鸡曲霉菌病、鼻气管鸟杆菌病
肾脏肿胀和花斑病变	传染性法氏囊病、鸡传染性支气管炎、痛风、鸡病毒性肾炎、高钙、高蛋白引起的代谢病
产畸形蛋、软皮蛋	鸡传染性支气管炎、减蛋综合征、鸡白痢、鸡伤寒、鸡副伤寒、鸡蛔虫病、鸡绦虫病、笼养蛋鸡疲劳症、维生素 D 缺乏症、锰缺乏症、禽流行性感冒

（续表）

主要症状与病变	相关的疾病
关节肿胀、腿骨发育异常等运动障碍	大肠杆菌病、葡萄球菌病、滑液囊霉形体病、病毒性关节炎、关节痛风、胆碱缺乏症、维生素 B_6 缺乏症、维生素 B_2 缺乏症、维生素 B_{11} 缺乏症、锰缺乏症、维生素 B_3 缺乏症、锌缺乏症
肠炎、下痢	新城疫、传染性法氏囊病、禽轮状病毒感染、鸡结核、大肠杆菌病、坏死性肠炎、鸡组织滴虫病、鸡球虫病、鸡白细胞原虫病、鸡白痢、鸡伤寒、溃疡性肠炎、链球菌病、铜绿假单胞菌病、禽流行性感冒

二、引起神经症状的鸡病

病名	相似点	区别点
高致病性禽流感	头和颈部颤动、站立不稳、角弓反张和歪脖子	鸡冠发紫、尖部如烧焦样。产蛋量陡降，发病后几天内产蛋完全停止。颅骨、大脑和小脑出血；心外膜、胸肌、腺胃乳头出血；肺出血、水肿。
鸡新城疫（肺脑型）	四肢进行性麻痹，共济失调；肌肉痉挛和震颤，常引起转圈运动	有呼吸道症状，剖检见十二指肠降支、卵黄蒂后 3～4cm、回肠前 1～3cm 处淋巴滤泡肿胀、出血、溃疡；腺胃乳头顶端出血或溃疡；各年龄段均可发病
马立克氏病（神经型）	轻者运动失调，步态异常；重者瘫痪，呈"劈叉"病症	特征性"劈叉"姿势；剖检见腰荐神经丛、臂神经丛、坐骨神经均呈单侧性肿粗、色灰白或淡黄；多发于青年鸡
鸡传染性脑脊髓炎	共济性失调，走路前后摇晃，步态不稳，或以跗关节和翅膀支撑前行	头颈部震颤，尤其在受惊或将鸡倒提起时，震颤加强；剖检见脑水肿、充血，但无出血现象，胃肌层内有细小的灰白色病变区；多发于 3 周龄以内的雏鸡

（续表）

病名	相似点	区别点
维生素 E - 硒缺乏症（脑软化症）	头颈弯曲挛缩，无方向性特性，有时出现角弓反张，两腿痉挛抽搐，行走不稳或瘫痪	脑充血、水肿、有散在出血点，以小脑尤为明显；大脑后半球有液化灶，脑实质严重软化，呈粥样；肌肉苍白；多发于雏鸡
大肠杆菌病（脑炎型）	垂头、昏睡状，有的鸡有歪头、斜颈，共济失调，抽搐症状，瘫痪	脑膜充血、出血；小脑脑膜及实质有许多针尖大出血点；涂片染色，镜检可见革兰氏阴性小杆菌
肉毒中毒	腿、翅、颈部肌肉麻痹，两腿无力，步态不稳，重者瘫痪	呼吸急促，"软颈病"；两眼深睡状，系饲料中含有变质的动物性蛋白饲料所致
食盐中毒	高度兴奋，奔跑；重者倒地仰卧、抽搐	渴欲极强，严重腹泻；剖检脑膜充血水肿、出血
叶酸缺乏症	颈部肌肉麻痹，抬头向前平伸，喙着地	"软颈"症状与肉毒中毒相似，但病鸡精神尚好，胫骨短粗，有时可见"滑腱症"；一般不易出现叶酸缺乏症
维生素 B$_1$ 缺乏症	腿、翅、颈的伸肌痉挛，病鸡飞节和尾部着地，头向后仰，角弓反张，呈特殊的"观星"姿势	剖检可见右心常扩张松弛（心房较心室明显）；慢性维生素 B$_1$ 缺乏的鸡会发生生殖器官萎缩（公鸡比母鸡明显），青年公鸡睾丸发育受阻，产蛋母鸡输卵管萎缩；雏鸡肾上腺肥大，母鸡比公鸡明显
维生素 B$_2$ 缺乏症	"卷爪"麻痹症，爪向内卷曲成拳状，以中趾尤为明显；跗趾关节肿胀，两脚不能站立，常以双翅支持身体向前行走	两侧坐骨神经和臂神经显著肿大，变软，有时比正常粗 4～5 倍，两侧迷走神经也有肿大现象。组织学检查可见髓鞘脱失，轴突呈球型肿胀以及结节性断裂
维生素 B$_6$ 缺乏症	异常兴奋，盲目奔跑、转动。骨短粗，表现为一条腿严重跛行，一侧或两侧爪的中趾的第一关节向内弯曲	脊髓和外周神经变性，眼睑炎性水肿，肌胃糜烂；严重缺乏时，产蛋母鸡卵巢、输卵管和肉垂退化

三、引起鸡冠及面部肿胀的疾病

病名	相似点	区别点
禽霍乱	鸡冠及肉垂肿胀，呈黑紫色	16周龄以前的幼鸡少发，突然发病，死亡多为强壮鸡和高产鸡，排稀粪；剖检变化心冠脂肪出血，肝脏出血、点状坏死，十二指肠弥漫性出血；慢性可见关节炎
禽流行性感冒	鸡冠及肉垂肿胀，紫红色；头、眼睑水肿，流泪	鸡冠有坏死灶，趾及跖部鳞片出血，全身浆膜黏膜及内脏严重广泛出血，颈、喉部有明显肿胀，鼻孔常流出分泌物
鸡痘	皮肤型病鸡的头部鸡冠、肉垂、口角、眼周部位有痘疹；黏膜型鸡的眼睑肿胀、流泪、面部肿胀、呼吸困难	皮肤型鸡无毛部皮肤及肛门周围、翅膀内侧也见痘疹，坏死后有痂皮；黏膜型的口腔及咽喉黏膜上有白色痘斑，突出于黏膜，相互融合，表面可形成黄白色伪膜
大肠杆菌病	单侧性眼炎，眼睑肿，流泪，有黏性分泌物	可引起多种类型的病症；全眼球炎见于30~60日龄雏鸡，严重的引起失明；还有败血症、气囊炎、雏鸡脐炎、关节炎及肠炎等变化，切开肿胀部有干酪样物
鸡传染性鼻炎	单侧性眼肿，眶下部和面部肿胀，肉垂水肿	以成年鸡最易感；从鼻孔流出浆液性、黏液性以至脓性恶臭的分泌物，鼻腔和眶下窦黏膜充血、肿胀，腔窦内蓄积多量黏液、脓性分泌物，有时为干酪样物；眼结膜红肿、粘连，结膜囊积黏性干酪样物，角膜混浊，眼球萎缩
衣原体病	颜面肿胀，结膜炎	腹泻、粪便为黄绿色；蛋鸡腹部膨大、下垂、呈企鹅样，产蛋率不高，没有产蛋高峰；剖检见输卵管囊肿；小鸡可见心包炎，肝周炎，气囊炎，肝、脾肿大，有坏死点

（续表）

病名	相似点	区别点
鸡慢性呼吸道病	颜面、眼睑、眶下窦肿胀、流泪、流鼻液	泪液中带有气泡；鼻腔、眶下窦及腭裂蓄积多量黏液或干酪样物；气囊增厚、混浊，积有泡沫样或黄色干酪样物；肺门部有灰红色肺炎病灶
肿头综合征	头、面部、眼周围水肿	头、眼周、冠、肉垂、下颌皮下水肿，呈胶胨状，肠系膜水肿、呈黄色胶冻状
维生素 A 缺乏症	眼及面部肿胀、流泪、流鼻液	眼睑肿胀、角膜软化或穿孔，眼球凹陷、失明、结膜囊内蓄积干酪样物，口腔、咽、食道黏膜有白色小米粒大结节

四、鸡皮肤发生出血、坏死等病变的疾病

病名	相似点	区别点
大肠杆菌病（皮炎型）	脐炎，皮肤炎	雏鸡发生脐炎，青年鸡发生皮肤炎、坏死、溃烂，有的形成紫色痂；涂片镜检可见革兰氏阴性小杆菌
葡萄球菌病	脐炎、皮下出血	雏鸡发生脐炎；急性败血型 1～2 月龄鸡多发，胸腹部、大腿内侧皮肤出血、溃疡，皮下出血水肿，呈胶冻样；涂片镜检可见葡萄球菌
铜绿假单胞菌病	跗关节或爪垫等部位发生肿胀、出血	皮下水肿和纤维素性渗出，偶见出血，关节积液；化脓性结膜炎，偶见角膜炎。注射部位感染后会变绿。
马立克氏病（皮肤型）	颈、背部及腿部皮肤毛囊呈结节性肿胀	颈部、两翅及全身皮肤以毛囊为中心形成小结节或瘤状物，有时有鳞片状棕色硬痂
鸡痘（皮肤型）	有时痘疹表面形成痂皮	少毛或无毛处皮肤，如鸡冠、肉垂、嘴角、眼皮及腿部等出现痘疹
维生素 E－硒缺乏症	皮下血肿	雏鸡表现渗出性素质，翅膀、颈胸腹部等部位皮下水肿。病鸡还会表现肌肉坏死和脑软化

（续表）

病名	相似点	区别点
生物素缺乏	雏鸡足底粗糙、龟裂、出血，严重者足趾坏死	剖检可见肝、肾肿大，呈暗白色，肝脏脂肪沉积，体脂肪呈粉红色，肌胃和肠道内有黑色液体滞留

五、引起鸡产畸型蛋、软皮蛋的疾病

病名	相似点	区别点
传染性支气管炎	产蛋下降	蛋壳异常及蛋内容不良，卵泡变软、出血，甚至卵泡破裂，输卵管炎及堵蛋
减蛋综合征	产蛋下降	产蛋突然减少，出现无壳蛋、软壳蛋、薄壳蛋等；输卵管子宫部水肿性肥厚、苍白
鸡白痢	卵泡变形	成年鸡产蛋停止，卵泡大小、形状和颜色发生改变，卵黄性腹膜炎
鸡伤寒	卵泡变形	发生于3周龄至成年鸡，时有死亡；肝脏古铜色或淡绿色
鸡副伤寒	卵泡变形	肠炎、拉稀，卵巢炎，输卵管炎
鸡蛔虫病	产蛋下降	逐渐消瘦，下痢与便秘交替出现，肠中有多量蛔虫
鸡绦虫病	产蛋下降	鸡粪中可见小米粒大、白色、长方形绦虫节片；肠内可见绦虫成虫、鸡冠苍白
笼养疲劳症	产蛋减少	腿软无力，但精神尚好，严重时，精神不振，瘫痪或自发性骨折；胸骨、肋骨变形
维生素D缺乏症	产蛋下降	软蛋增多，瘫鸡经日晒可恢复，龙骨弯曲
锰缺乏症	产蛋减少	蛋壳变薄易碎，孵化后死胚多，死胚短腿短翅、圆头、鹦鹉嘴；跗关节肿胀、腓肠肌腱滑向一侧（称滑腱症）

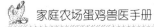

（续表）

病名	相似点	区别点
钙、磷缺乏症或过多症	产蛋下降	缺钙出现软壳蛋、瘫鸡；钙过多引起痛风，尤其肾脏出现尿酸盐沉积；缺磷或磷过多影响钙的吸收，出现厌食，生殖器官发育不良；分析饲料中的钙、磷含量可查明是多还是少
禽流行性感冒	产蛋下降	输卵管炎，内有蛋清样物；输卵管萎缩

六、引起鸡关节肿胀、腿骨发育异常等运动障碍的疾病

病名	相似点	区别点
大肠杆菌病（关节炎型）	关节肿大，跛行，触诊有波动感	切开关节流出混浊液体，重者关节腔内有干酪样物；涂片镜检可见革兰氏阴性小杆菌
葡萄球菌病	多个关节炎性肿胀，以跗、趾关节多见；病鸡跛行、不愿站立走动	肿胀关节呈紫红或紫黑色，逐渐化脓，有的形成趾瘤；切开关节后，流出黄色脓汁，涂片镜检可见大量葡萄球菌
滑液支原体病	跗关节、趾关节肿胀，触诊有波动感、热感，站立、运动困难	切开后，关节囊内有黏稠液体或干酪样物，多发于 4～16 周龄，偶尔见于成年鸡
病毒性关节炎	跗关节及后上侧腓肠肌腱和腱鞘肿胀，表现为拐腿、站立困难、步态不稳	多为双侧性跗关节与腓肠肌腱肿胀，关节腔积液呈草黄色或淡红色，有时腓肠肌腱断裂、出血，外观病变部位呈青紫色
关节痛风	四肢关节肿胀，有的脚掌趾关节肿胀，走路不稳，跛行，重者不能站立	关节囊内有淡黄或白色石灰乳样尿酸盐沉积

(续表)

病名	相似点	区别点
胆碱缺乏症	跗关节轻度肿大，周围点状出血；长骨短粗，跖骨变形弯曲，出现滑腱症	雏鸡、青年鸡可见滑腱症，肝脂肪含量增多，成年鸡主要表现为体脂肪过度沉积，一般无关节病变
维生素 B$_2$ 缺乏症	跗趾关节肿胀，脚趾向内卷曲或拳状，即"卷爪"，双脚不能站立，行走困难	两侧坐骨神经和臂神经显著肿大、变软，为正常的 4~5 倍；胃肠道黏膜萎缩，肠内有泡沫状内容物，多发于育雏期和产蛋高峰期
锰缺乏症	长骨短粗，跗关节明显肿胀，腿屈曲无法站立和行走	长骨粗短，但不变软变脆；雏鸡表现为典型的"滑腱症"
锌缺乏症	跗关节肥大，腿、脚粗短	轻者脚、腿皮肤有鳞片状皮屑，重者腿、脚皮肤严重角化、脚掌有裂缝。羽毛末端严重缺损，尤以翼羽和尾羽明显

七、引起鸡肠炎、下痢的疾病

病名	相似点	区别点
新城疫	排白色、绿色稀便	呼吸困难、有呼噜声，有甩头、扭颈、轻瘫等神经症状，喉头、气管出血，肠淋巴滤泡肿胀、出血、溃疡；腺胃出血
传染性法氏囊病	白色水样下痢	3~6 周龄多发，死亡率高；法氏囊肿胀、出血，肌肉出血，花斑肾
禽轮状病毒感染	水样下痢	6 周龄以下雏鸡易感；泄殖腔肿胀、出血，小肠内有大量液体和气泡，肠腔高度膨胀

（续表）

病名	相似点	区别点
鸡结核病	顽固性下痢	主要发生于成年鸡和老鸡；渐进性消瘦、贫血，肝、脾、肺、肠、骨髓等多处内脏器官有黄白色结核结节，结节切面呈干酪样
大肠杆菌病	急性败血型可见排白色或黄绿色稀便	可以表现多种类型的病症，急性败血型主要表现纤维素性心包炎和肝周炎，肝脏有点状坏死
坏死性肠炎	排黑褐色、带血色稀粪	小肠中后段肠壁出血，斑点呈不规则型；肠壁坏死，有土黄色坏死灶，有时覆有灰黄色厚层伪膜；肝脏可见 2 ~ 3mm 大、圆形坏死灶
鸡组织滴虫病	排带血稀便	病鸡头部皮肤黑紫色；盲肠出血、肠内容物凝固、切面呈层状，中心为凝血块；肝脏色黄，见中心凹陷，周围隆起，呈黄绿色的碟状坏死灶
鸡球虫病	排血便	3 月龄以下雏鸡多发，急性经过，死亡率高；盲肠或小肠出现出血性、坏死性炎，肠壁有白色结节
鸡住白细胞原虫病	排水样白色或绿色稀粪	鸡冠苍白、眼眶周围呈黄绿色，口腔流出淡绿色液体；严重时有血样液；全身皮下、肌肉、肺、肾、心、脾、胰、腺胃、肌胃及肠黏膜均见出血点，并见灰白色小结节
鸡白痢	排白色石膏样稀粪	急性型多见于 2 周龄左右雏鸡，脐带红肿，卵黄吸收不全；慢性可见肝、脾、肺、心有灰白色坏死点，有时一侧盲肠内容物凝固，肠壁增厚。育成鸡和青年鸡多呈隐性感染，卵泡萎缩、出血、变形、变色，有时脱落、破裂，引起腹膜炎

（续表）

病名	相似点	区别点
鸡伤寒	排黄绿色稀便	多见于育成鸡；肝、脾和肾肿胀达正常的 2～4 倍，肝、脾呈青铜色，有黄白色的坏死点；卵泡充血、出血，有的破裂
鸡溃疡性肠炎	白色水样下痢	小肠和盲肠有大量圆形溃疡灶，中心凹陷，有时发生穿孔；肝脏黄色或灰色圆形小病灶或大片不规则坏死区
鸡链球菌病	持续下痢呈淡黄色或白色	急性冠、肉垂苍白，胸部皮肤青紫或黄绿色，皮下、肌肉、浆膜水肿，肝、脾肿大，肝有黄褐或白色坏死点；慢性头部震颤，足底肿，肉垂肿胀、坏死、脱落
铜绿假单胞菌病	白色水样稀便	小肠和盲肠黏膜、浆膜均看到边缘出血的黄色溃疡灶，有时融合成大坏死斑；十二指肠有弥漫出血点

八、引起鸡呼吸道症状的疾病

病名	相似点	区别点
鸡新城疫（美国型）	伸颈呼吸、咳嗽、甩头	除呼吸症状外，还出现斜颈歪头，脚、翼麻痹，产蛋下降；剖检仅见喉头、气管有黏液，气管黏膜肥厚，肺、脑有出血点
传染性鼻炎	甩鼻，打喷嚏，呼吸困难	发病率高，死亡率低，鼻塞症状明显，主要表现流鼻液，流泪；剖检鼻腔、鼻窦黏膜红肿或有黄色干酪样物
鸡慢性呼吸道病	慢性呼吸道症状	呼吸有啰音，眼角流泡沫样液体；气囊增厚、混浊，有泡沫样或干酪样物

（续表）

病名	相似点	区别点
传染性支气管炎 （呼吸型）	咳嗽，打喷嚏	呼吸时发生异常声音，喉头、气管黏液增多，支气管有出血；混合感染其他病型时则出现肾炎或腺胃炎等
传染性喉气管炎	咳嗽，呼吸困难	发病急，死亡快，咳出带血的黏液；喉头、气管出血，有多量黏液和血凝块
鸡痘（黏膜型）	呼吸困难，张口呼吸	呼吸及吞咽困难，多窒息死亡；口腔及咽喉部黏膜出现痘疹；混合感染其他病型，还可见少毛或无毛的皮肤处出现痘疹

九、引起鸡肝脏病变的疾病

病名	相似点	区别点
鸡霍乱	肝肿大，表面布满黄白色针尖大坏死点	成年鸡易发，常突然发病，死亡多为壮鸡；心冠脂肪和心外膜有出血点，十二指肠严重出血
鸡沙门氏菌病	肝肿大，表面有多量灰白色针尖大坏死点	多发生于雏鸡和青年鸡；雏鸡拉白色糊状粪，心、肺上也有坏死灶；青年鸡的肝脏有时呈铜绿色
鸡大肠杆菌病	肝肿大，表面有一层灰白色薄膜，即肝周炎	多发生于雏鸡和 6～10 周龄的青年鸡，有纤维素性心包炎、纤维素性腹膜炎
鸡结核病	肝肿大，表面有黄白色大小不等的结核结节	多发生于成年鸡和老鸡，呈慢性经过；脾、肠、肺和肾脏也有结核结节，切开见有纤维包膜，中心为淡黄色干酪样物质

（续表）

病名	相似点	区别点
鸡弯曲杆菌肝炎	肝肿大，表面和实质内有黄色、星芒状的小坏死灶或布满菜花状的大坏死区	多发生于青年鸡或新开产母鸡；肝脏被膜下有出血区，或形成血肿
鸡组织滴虫病	肝肿大，表面有圆形或不规则形中心凹陷、周边隆起的溃疡灶	多发生于8周至4月龄的鸡；一侧盲肠肿大，内有香肠状的干酪样凝固栓子，切面呈同心圆状
鸡包涵体肝炎	肝肿大，表面有点状或斑状出血	多发生于3~9周龄的肉鸡和蛋鸡；肝脏触片，于细胞核内见嗜酸性或嗜碱性核内包涵体
禽淋巴细胞性白血病	肝肿大，表面有灰白色、结节型、粟粒型或弥散型肿瘤	多发生于18周龄以上的鸡；脾、肺、肾也有肿瘤结节，法氏囊有结节状肿瘤
马立克氏病（内脏型）	肝肿大，表面有灰白色肿瘤结节	多发生于6~18周龄的鸡；心、肺、脾、肾等器官也有肿瘤结节，但法氏囊常萎缩
网状内皮组织增殖症	肝肿大，呈黄色，表面和切面上有结节状肿瘤	多发生于成年鸡；肿瘤结节见于肝、脾及肾
鸡脂肪肝综合征	肝肿大，呈黄色，质地松软，表面有小出血点	多发于成年鸡；鸡冠、肉髯和肌肉苍白贫血，肝脏出血，腹腔内有血凝块或血水，腹腔和肠系膜有大量脂肪沉积

十、引起鸡肺脏及气囊病变的疾病

病名	相似点	区别点
鸡大肠杆菌病	气囊炎、肺炎	肺淤血、出血、水肿，呈青绿色，有时形成肉芽肿，可从病变处的病料分离到大肠杆菌
鼻气管鸟杆菌病	肺炎、胸膜炎和气囊炎	气囊（尤其是腹气囊）有酸奶样白色泡沫渗出物，多伴有一侧肺炎
鸡白痢	肺上有大小不等、黄白色坏死结节	多发于2周龄以内的雏鸡；排白色糊状粪，心脏和肝脏也有坏死结节
鸡慢性呼吸道病	气囊混浊、增厚，囊腔内有黄色干酪样物质	多发生于4~8周龄的幼鸡，呼吸困难，眶下窦肿胀
鸡结核病	肺上有大小不等、黄白色结核结节	多发生于成年鸡和老鸡；病鸡极度消瘦，肝、脾、肾等器官也有结核结节
鸡曲霉菌病	肺和气囊上有灰黄色、大小不等的坏死结节	多发生于雏鸡；病鸡呼吸困难；胸壁上也有坏死结节，柔软而有弹性，内容物呈干酪样；见有霉菌斑；镜检见霉菌菌丝及孢子

十一、引起鸡肾脏肿胀及"花斑肾"病变的疾病

病名	相似点	区别点
传染性支气管炎（肾型）	排水样白色稀便；肾脏明显肿大，颜色变淡，有多量尿酸盐沉着	多见于3~10周龄鸡，两侧肾脏均等肿胀，有尿酸盐沉着，严重时，内脏器官浆膜有多量尿酸盐沉着；死亡率高。

（续表）

病名	相似点	区别点
传染性法氏囊病	排白色水样便，肾肿，有白色尿酸盐沉着，呈花斑状	3~6周龄雏鸡多发，死亡率高。法氏囊肿胀、出血，其内容物呈果酱样，胸部及腿部肌肉出血
新城疫	排米汤样或绿色稀便，肾肿，有白色尿酸盐沉着，呈花斑状	喉头、气管出血，肠淋巴滤泡肿胀、出血、溃疡；腺胃出血
痛风（内脏型）	排白色石灰样稀粪；肾肿，有多量尿酸盐沉着	肾常呈一侧萎缩，一侧明显肿胀，肾脏颜色变黄，有大量尿酸盐沉着；输尿管增粗，有多量白色尿酸盐，有时可见硬固的结石；心外膜、心包膜、心包腔、肝被膜均见多量尿酸盐沉着
鸡病毒性肾炎	肾肿或稍肿，颜色变浅，有尿酸盐沉着，排白色稀粪	成年鸡感染出现肾炎病变；内脏可见尿酸盐沉着，特征性症状是突然死亡

附录一

禁用兽药

一、中华人民共和国农业部公告（第193号）

为保证动物源性食品安全，维护人民身体健康，根据《兽药管理条例》的规定，我部制定了《食品动物禁用的兽药及其他化合物清单》（以下简称《禁用清单》），现公告如下：

一、《禁用清单》序号1至18所列品种的原料药及其单方、复方制剂产品停止生产，已在兽药国家标准、农业部专业标准及兽药地方标准中收载的品种，废止其质量标准，撤销其产品批准文号；已在我国注册登记的进口兽药，废止其进口兽药质量标准，注销其《进口兽药登记许可证》。

二、截至2002年5月15日，《禁用清单》序号1至18所列品种的原料药及其单方、复方制剂产品停止经营和使用。

三、《禁用清单》序号19至21所列品种的原料药及其单方、复方制剂产品不准以抗应激、提高饲料报酬、促进动物生长为目的在食品动物饲养过程中使用。

食品动物禁用的兽药及其他化合物清单

序号	兽药及其他化合物名称	禁止用途	禁用动物
1	β-兴奋剂类：克仑特罗、沙丁胺醇、西马特罗及其盐、酯及制剂	所有用途	所有食品动物
2	性激素类：己烯雌酚及其盐、酯及制剂	所有用途	所有食品动物

（续表）

序号	兽药及其他化合物名称	禁止用途	禁用动物
3	具有雌激素样作用的物质：玉米赤霉醇、去甲雄三烯醇酮、醋酸甲孕酮及制剂	所有用途	所有食品动物
4	氯霉素及其盐、酯（包括琥珀氯霉素）及制剂	所有用途	所有食品动物
5	氨苯砜及制剂	所有用途	所有食品动物
6	硝基呋喃类：呋喃唑酮、呋喃它酮、呋喃苯烯酸钠及制剂	所有用途	所有食品动物
7	硝基化合物：硝基酚钠、硝呋烯腙及制剂	所有用途	所有食品动物
8	催眠、镇静类：安眠酮及制剂	所有用途	所有食品动物
9	林丹（丙体六六六）	杀虫剂	所有食品动物
10	毒杀芬（氯化烯）	杀虫剂、清塘剂	所有食品动物
11	呋喃丹（克百威）	杀虫剂	所有食品动物
12	杀虫脒（克死螨）	杀虫剂	所有食品动物
13	双甲脒	杀虫剂	水生食品动物
14	酒石酸锑钾	杀虫剂	所有食品动物
15	锥虫胂胺	杀虫剂	所有食品动物
16	孔雀石绿	抗菌、杀虫剂	所有食品动物
17	五氯酚酸钠	杀螺剂	所有食品动物
18	各种汞制剂包括：氯化亚汞（甘汞）、硝酸亚汞、醋酸汞、吡啶基醋酸汞	杀虫剂	所有食品动物
19	性激素类：甲基睾丸酮、丙酸睾酮、苯丙酸诺龙、苯甲酸雌二醇及其盐、酯及制剂	促生长	所有食品动物
20	催眠、镇静类：氯丙嗪、地西泮（安定）及其盐、酯及制剂	促生长	所有食品动物

(续表)

序号	兽药及其他化合物名称	禁止用途	禁用动物
21	硝基咪唑类：甲硝唑、地美硝唑及其盐、酯及制剂	促生长	所有食品动物

注：食品动物是指各种供人食用或其产品供人食用的动物。

二、兽药地方标准废止目录及禁用兽药补充

序号	类别	名称/组方
1	禁用兽药	β-兴奋剂类：沙丁胺醇及其盐、酯及制剂 硝基呋喃类：呋喃西林、呋喃妥因及其盐、酯及制剂 硝基咪唑类：替硝唑及其盐、酯及制剂 喹恶啉类：卡巴氧及其盐、酯及制剂 抗生素类：万古霉素及其盐、酯及制剂
2	抗病毒药物	金刚烷胺、金刚乙胺、阿昔洛韦、吗啉（双）胍（病毒灵）、利巴韦林等及其盐、酯及单、复方制剂
3	抗生素、合成抗菌药及农药	抗生素、合成抗菌药：头孢哌酮、头孢噻肟、头孢曲松（头孢三嗪）、头孢噻吩、头孢拉啶、头孢唑啉、头孢噻啶、罗红霉素、克拉霉素、阿奇霉素、磷霉素、硫酸奈替米星、氟罗沙星、司帕沙星、甲替沙星、克林霉素（氯林可霉素、氯洁霉素）、妥布霉素、胍哌甲基四环素、盐酸甲烯土霉素（美他环素）、两性霉素、利福霉素等及其盐、酯及单、复方制剂 农药：井冈霉素、浏阳霉素、赤霉素及其盐、酯及单、复方制剂
4	解热镇痛类等其他药物	双嘧达莫（预防血栓栓塞性疾病）、聚肌胞、氟胞嘧啶、代森铵（农用杀虫菌剂）、磷酸伯氨喹、磷酸氯喹（抗疟药）、异噻唑啉酮（防腐杀菌）、盐酸地酚诺酯（解热镇痛）、盐酸溴己新（祛痰）、西咪替丁（抑制人胃酸分泌）、盐酸甲氧氯普胺、甲氧氯普胺（盐酸胃复安）、比沙可啶（泻药）、二羟丙茶碱（平喘药）、白细胞介素-2、别嘌醇、多抗甲素（α-甘露聚糖肽）等及其盐、酯及制剂

（续表）

序号	类别	名称/组方
5	复方制剂	1. 注射用的抗生素与安乃近、氟喹诺酮类等化学合成药物的复方制剂； 2. 镇静类药物与解热镇痛药等治疗药物组成的复方制剂。

三、部分兽药停药期规定（家禽部分摘录）

兽药名称	执行标准	停药期
二硝托胺预混剂	兽药典 2000 版	鸡 3 日，产蛋期禁用
土霉素片	兽药典 2000 版	禽 5 日，弃蛋期 2 日
马杜霉素预混剂	部颁标准	鸡 5 日，产蛋期禁用
四环素片	兽药典 1990 版	鸡 4 日，产蛋期禁用
甲磺酸达氟沙星粉	部颁标准	鸡 5 日，产蛋鸡禁用
甲磺酸达氟沙星溶液	部颁标准	鸡 5 日，产蛋鸡禁用
甲磺酸培氟沙星可溶性粉	部颁标准	28 日，产蛋鸡禁用
甲磺酸培氟沙星注射液	部颁标准	28 日，产蛋鸡禁用
甲磺酸培氟沙星颗粒	部颁标准	28 日，产蛋鸡禁用
吉他霉素片	兽药典 2000 版	鸡 7 日，产蛋期禁用
吉他霉素预混剂	部颁标准	鸡 7 日，产蛋期禁用
地克珠利预混剂	部颁标准	鸡 5 日，产蛋期禁用
地克珠利溶液	部颁标准	鸡 5 日，产蛋期禁用
地美硝唑预混剂	兽药典 2000 版	鸡 28 日，产蛋期禁用
那西肽预混剂	部颁标准	鸡 7 日，产蛋期禁用
阿苯达唑片	兽药典 2000 版	禽 4 日
阿莫西林可溶性粉	部颁标准	鸡 7 日，产蛋鸡禁用
乳酸环丙沙星可溶性粉	部颁标准	禽 8 日，产蛋鸡禁用

（续表）

兽药名称	执行标准	停药期
乳酸环丙沙星注射液	部颁标准	禽28日
乳酸诺氟沙星可溶性粉	部颁标准	禽8日，产蛋鸡禁用
环丙氨嗪预混剂（1%）	部颁标准	鸡3日
复方阿莫西林粉	部颁标准	鸡7日，产蛋期禁用
复方氨苄西林片	部颁标准	鸡7日，产蛋期禁用
复方氨苄西林粉	部颁标准	鸡7日，产蛋期禁用
复方磺胺氯哒嗪钠粉	部颁标准	鸡2日，产蛋期禁用
枸橼酸哌嗪片	兽药典2000版	禽14日
氟苯尼考注射液	部颁标准	鸡28日
氟苯尼考粉	部颁标准	鸡5日
氟苯尼考溶液	部颁标准	鸡5日，产蛋期禁用
洛克沙胂预混剂	部颁标准	鸡5日，产蛋期禁用
恩诺沙星片	兽药典2000版	鸡8日，产蛋期禁用
恩诺沙星可溶性粉	部颁标准	鸡8日，产蛋期禁用
恩诺沙星溶液	兽药典2000版	禽8日，产蛋期禁用
氧氟沙星片	部颁标准	鸡28日，产蛋期禁用
氧氟沙星可溶性粉	部颁标准	鸡28日，产蛋期禁用
氧氟沙星注射液	部颁标准	鸡28日，产蛋期禁用
氧氟沙星溶液（碱性）	部颁标准	鸡28日，产蛋期禁用
氧氟沙星溶液（酸性）	部颁标准	鸡28日，产蛋期禁用
氨苯胂酸预混剂	部颁标准	鸡5日，产蛋期禁用
海南霉素钠预混剂	部颁标准	鸡7日，产蛋期禁用
烟酸诺氟沙星可溶性粉	部颁标准	28日，产蛋鸡禁用
烟酸诺氟沙星注射液	部颁标准	28日
烟酸诺氟沙星溶液	部颁标准	28日，产蛋鸡禁用

（续表）

兽药名称	执行标准	停药期
盐酸二氟沙星片	部颁标准	鸡1日
盐酸二氟沙星粉	部颁标准	鸡1日
盐酸二氟沙星溶液	部颁标准	鸡1日
盐酸大观霉素可溶性粉	兽药典2000版	鸡5日，产蛋期禁用
盐酸左旋咪唑	兽药典2000版	禽28日
盐酸多西环素片	兽药典2000版	28日
盐酸异丙嗪片	兽药典2000版	28日
盐酸沙拉沙星可溶性粉	部颁标准	鸡0日，产蛋期禁用
盐酸沙拉沙星注射液	部颁标准	鸡0日，产蛋期禁用
盐酸沙拉沙星溶液	部颁标准	鸡0日，产蛋期禁用
盐酸沙拉沙星片	部颁标准	鸡0日，产蛋期禁用
盐酸环丙沙星可溶性粉	部颁标准	28日，产蛋鸡禁用
盐酸环丙沙星注射液	部颁标准	28日，产蛋鸡禁用
盐酸洛美沙星片	部颁标准	28日，产蛋鸡禁用
盐酸洛美沙星可溶性粉	部颁标准	28日，产蛋鸡禁用
盐酸氨丙啉、乙氧酰胺苯甲酯、磺胺喹噁啉预混剂	兽药典2000版	鸡10日，产蛋鸡禁用
盐酸氨丙啉、乙氧酰胺苯甲酯预混剂	兽药典2000版	鸡3日，产蛋期禁用
盐酸氯苯胍片	兽药典2000版	鸡5日，产蛋期禁用
盐酸氯苯胍预混剂	兽药典2000版	鸡5日，产蛋期禁用
盐霉素钠预混剂	兽药典2000版	鸡5日，产蛋期禁用
酒石酸吉他霉素可溶性粉	兽药典2000版	鸡7日，产蛋期禁用
酒石酸泰乐菌素可溶性粉	兽药典2000版	鸡1日，产蛋期禁用
维生素 B_{12} 注射液	兽药典2000版	0日
维生素 B_1 片	兽药典2000版	0日

（续表）

兽药名称	执行标准	停药期
维生素 B_1 注射液	兽药典 2000 版	0 日
维生素 B_2 片	兽药典 2000 版	0 日
维生素 B_2 注射液	兽药典 2000 版	0 日
维生素 B_6 片	兽药典 2000 版	0 日
维生素 B_6 注射液	兽药典 2000 版	0 日
维生素 C 片	兽药典 2000 版	0 日
维生素 C 注射液	兽药典 2000 版	0 日
维生素 D_3 注射液	兽药典 2000 版	28 日
维生素 K_1 注射液	兽药典 2000 版	0 日
氯羟吡啶预混剂	兽药典 2000 版	鸡 5 日，产蛋期禁用
硫氰酸红霉素可溶性粉	兽药典 2000 版	鸡 3 日，产蛋期禁用
硫酸安普霉素可溶性粉	部颁标准	鸡 7 日，产蛋期禁用
硫酸庆大-小诺霉素注射液	部颁标准	鸡 40 日
硫酸黏菌素可溶性粉	部颁标准	鸡 7 日，产蛋期禁用
硫酸黏菌素预混剂	部颁标准	鸡 7 日，产蛋期禁用
硫酸新霉素可溶性粉	兽药典 2000 版	鸡 5 日，产蛋期禁用
越霉素 A 预混剂	部颁标准	鸡 3 日，产蛋期禁用
磺胺二甲嘧啶片	兽药典 2000 版	禽 10 日
磺胺二甲嘧啶钠注射液	兽药典 2000 版	鸡 28 日
磺胺对甲氧嘧啶，二甲氧苄氨嘧啶片	兽药规范 1992 版	鸡 28 日
磺胺对甲氧嘧啶、二甲氧苄氨嘧啶预混剂	兽药典 1990 版	鸡 28 日，产蛋期禁用
磺胺对甲氧嘧啶片	兽药典 2000 版	鸡 28 日
磺胺甲噁唑片	兽药典 2000 版	鸡 28 日
磺胺间甲氧嘧啶片	兽药典 2000 版	鸡 28 日

（续表）

兽药名称	执行标准	停药期
磺胺间甲氧嘧啶钠注射液	兽药典 2000 版	鸡 28 日
磺胺脒片	兽药典 2000 版	鸡 28 日
磺胺喹噁啉、二甲氧苄氨嘧啶预混剂	兽药典 2000 版	鸡 10 日，产蛋期禁用
磺胺喹噁啉钠可溶性粉	兽药典 2000 版	鸡 10 日，产蛋期禁用
磺胺氯吡嗪钠可溶性粉	部颁标准	产蛋期禁用
磷酸左旋咪唑片	兽药典 1990 版	禽 28 日
磷酸哌嗪片（驱蛔灵片）	兽药典 2000 版	禽 14 日
磷酸泰乐菌素预混剂	部颁标准	鸡 5 日

来源：中国畜牧业年鉴 2004

四、部分国家及地区明令禁用或重点监控的兽药及其他化合物清单

（一）欧盟禁用的兽药及其他化合物清单

1. 阿伏霉素（Avoparcin）。

2. 洛硝达唑（Ronidazole）。

3. 卡巴多（Carbadox）。

4. 喹乙醇（Olaquindox）。

5. 杆菌肽锌（Bacitracin zinc）（禁止作饲料添加药物使用）。

6. 螺旋霉素（Spiramycin）（禁止作饲料添加药物使用）。

7. 维吉尼亚霉素（Virginiamycin）（禁止作饲料添加药物使用）。

8. 磷酸泰乐菌素（Tylosin phosphate）（禁止作饲料添加药物使用）。

9. 阿普西特（arprinocide）。

10. 二硝托胺（Dinitolmide）。

11. 异丙硝唑（ipronidazole）。

12. 氯羟吡啶（Meticlopidol）。

13. 氯羟吡啶/苄氧喹甲酯（Meticlopidol/Mehtylbenzoquate）。

14. 氨丙啉（Amprolium）。

15. 氨丙啉/乙氧酰胺苯甲酯（Amprolium/ethopabate）。

16. 地美硝唑（Dimetridazole）。

17. 尼卡巴嗪（Nicarbazin）。

18. 二苯乙烯类（Stilbenes）及其衍生物、盐和酯，如己烯雌酚（Diethylstilbestrol）等。

19. 抗甲状腺类药物（Antithyroid agent），如甲巯咪唑（Thiamazol），普萘洛尔（Propranolol）等。

20. 类固醇类（Steroids），如，雌激素（Estradiol），雄激素（Testosterone），孕激素（Progesterone）等。

21. 二羟基苯甲酸内酯（Resorcylic acid lactones），如，玉米赤霉醇（Zeranol）。

22. β-兴奋剂类（β-Agonists），如，克仑特罗（Clenbuterol），沙丁胺醇（Salbutamol），喜马特罗（Cimaterol）等。

23. 马兜铃属植物（*Aristolochia* spp.）及其制剂。

24. 氯霉素（Chloramphenicol）。

25. 氯仿（Chloroform）。

26. 氯丙嗪（Chlorpromazine）。

27. 秋水仙碱（Colchicine）。

28. 氨苯砜（Dapsone）。

29. 甲硝咪唑（Metronidazole）。

30. 硝基呋喃类（Nitrofurans）。

（二）美国禁止在食品动物使用的兽药及其他化合物清单

1. 氯霉素（Chloramphenicol）。

2. 克仑特罗（Clenbuterol）。

3. 己烯雌酚（Diethylstilbestrol）。

4. 地美硝唑（Dimetridazole）。

5. 异丙硝唑（Ipronidazole）。

6. 其他硝基咪唑类（Other nitroimidazoles）。

7. 呋喃唑酮（Furazolidone）（外用除外）。

8. 呋喃西林（Nitrofurazone）（外用除外）。

9. 泌乳牛禁用磺胺类药物［下列除外：磺胺二甲氧嘧啶（Sulfadimethoxine）、磺胺溴甲嗪啶（Sulfabromomethazine）、磺胺乙氧嗪（sulfaethoxypyridazine）］。

10. 氟喹诺酮类（Fluoroquinolones）（沙星类）。

11. 糖肽类抗生素（Glycopeptides），如万古霉素（Vancomycin）、阿伏霉素（Avoparcin）。

（三）日本对动物性食品重点监控的兽药及其他化合物清单

1. 氯羟吡啶（Clopidol）。

2. 磺胺喹噁啉（Sulfaquinoxaline）。

3. 氯霉素（Chloramphenicol）。

4. 磺胺甲基嘧啶（Sulfamerazine）。

5. 磺胺二甲嘧啶（Sulfadimethoxine）。

6. 磺胺-6-甲氧嘧啶（Sulfamonomethoxine）。

7. 噁喹酸（Oxolinic acid）。

8. 乙胺嘧啶（Pyrimethamine）。

9. 尼卡巴嗪（Nicarbazin）。

10. 双呋喃唑酮（DFZ）。

11. 阿伏霉素（Avoparcin）。

（四）香港地区禁用的兽药及其他化合物清单

1. 氯霉素（Chloramphenicol）。

2. 克仑特罗（Clenbuterol）。

3. 己烯雌酚（Diethylstilbestrol）。

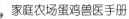

4. 沙丁胺醇（Salbutamol）。

5. 阿伏霉素（Avoparcin）。

6. 己二烯雌酚（Dienoestrol）。

7. 己烷雌酚（Hexoestrol）。

附录二

鸡场常用消毒药物

消毒药物名称	用法用量
复合酚	喷雾消毒用于鸡舍、器具、排泄物、车辆，预防用药时，1：300 倍稀释；疫病发生和流行时，1：（100~200）倍稀释，要求水温不低于8℃，禁与碱性和其他消毒药物混合使用。
福尔马林	每 1m³ 空间按福尔马林溶液 20ml、高锰酸钾 10g、水 10ml 计算用量，方法是先将规定量甲醛（加适量水稀释，以增加环境中的湿度）慢慢加入其中，此时混合液自动沸腾，从而使甲醛气化；注意消毒后要及时通风换气，以释放鸡舍内的甲醛气体。
氢氧化钠	2% 的浓度用于病毒和一般细菌的消毒，或 2% 的氢氧化钠和 5% 的石灰乳混合使用。注意不要和酸性消毒药物混用，消毒后及时清洗，防止消毒药腐蚀物品。
氢氧化钙（石灰）	应用生石灰配成 10%~20% 的石灰乳涂刷墙壁、地面；门前消毒池可用 20% 石灰乳浸泡的草垫对鞋底和进场的交通工具消毒。该消毒药应现配现用，门前的消毒池内消毒液应每天一换。
漂白粉（氯石灰）	1%~5% 的消毒液可用于沙门氏菌、大肠杆菌的消毒。
二氯异氰脲酸钠	0.5%~1% 用于杀灭细菌和病毒，5%~10% 用于杀灭产芽孢的细菌，宜现配现用。
二氧化氯	0.01%~0.02% 可用于细菌和病毒的消毒，0.025%~0.05% 可用于产芽孢细菌，0.0002% 可用于饮水、喷雾、浸泡消毒。应注意水温和水的 pH，温度在 25℃ 以下，温度越高，消毒效果越好。

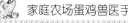

（续表）

消毒药物名称	用法用量
过氧乙酸	0.5%用于地面、墙壁的消毒；1%用于体表的消毒；用于空气喷雾消毒时，每立方米空间用2%的溶液8ml即可。过氧乙酸对金属类具有腐蚀性；遇热和光照易氧化分解，高热则引起爆炸，故应放置阴凉处保存；使用时宜新鲜配置。
百毒杀	饮水用量0.0025%～0.005%，喷雾用0.015%～0.05%，用时根据消毒液含量自己调配。
季铵盐	0.0004%～0.066%用于鸡舍喷雾消毒，0.003%～0.005%用于器具、种蛋，0.0025%～0.005%用于带蛋消毒，0.00255%用于饮水消毒。

附录三

蛋种鸡参考免疫程序

接种日龄	疫苗种类	接种方法
1 日龄	马立克氏病疫苗	颈部皮下注射
6 日龄	新城疫 - 肾型传染性支管炎二联苗	滴鼻或饮水
12 日龄	新城疫Ⅳ系 新城疫灭活疫苗	滴鼻或点眼 颈部皮下注射
18 日龄	传染性法氏囊病冻干苗（弱毒）	饮水或滴口
25 日龄	鸡痘疫苗 禽流感灭活疫苗（H_5 + H_9 亚型）	翅下刺种 颈部皮下注射
30 日龄	传染性法氏囊病冻干苗（中毒）	饮水
45 日龄	传染性喉气管炎疫苗（发病地区）	点眼或滴肛
55 日龄	禽流感灭活疫苗（H_5 亚型）	颈部皮下或胸肌注射
65 日龄	新城疫 - 传染性支气管炎 H_{52} 二联苗 新城疫灭活疫苗	滴鼻或点眼 肌内注射
70 日龄	鸡痘疫苗 禽流感灭活疫苗（H_9 亚型）	翅下刺种 颈部皮下或胸肌注射
80 日龄	传染性脑脊髓炎疫苗	饮水
90 日龄	传染性喉气管炎疫苗（发病地区）	点眼或滴肛
110 日龄	新城疫 - 传染性支气管炎 - 减蛋综合征三联油苗	肌内注射
120 日龄	禽流感灭活疫苗（H_5 亚型）	肌内注射
130 日龄	禽流感灭活疫苗（H_9 亚型）	肌内注射
140 日龄	传染性法氏囊病灭活苗	肌内注射
300 日龄	传染性法氏囊病灭活苗	肌内注射

附录四

商品蛋鸡参考免疫程序

接种日龄	疫苗种类	接种方法
1 日龄	马立克氏病疫苗	颈部皮下注射
6 日龄	新城疫－肾型传染性支管炎二联苗	滴鼻或饮水
12 日龄	新城疫Ⅳ系 新城疫灭活疫苗	滴鼻或点眼 颈部皮下注射
18 日龄	传染性法氏囊病冻干苗（弱毒）	饮水或滴口
25 日龄	鸡痘疫苗 禽流感灭活疫苗（H_5+H_9 亚型）	翅下刺种 颈部皮下注射
30 日龄	传染性法氏囊病冻干苗（中毒）	饮水
45 日龄	传染性喉气管炎疫苗（发病地区）	点眼或滴肛
55 日龄	禽流感灭活疫苗（H_5 亚型）	颈部皮下或胸肌注射
65 日龄	新城疫－传染性支气管炎 H_{52} 二联苗 新城疫灭活疫苗	滴鼻或点眼 肌内注射
70 日龄	鸡痘疫苗 禽流感灭活疫苗（H_9 亚型）	翅下刺种 颈部皮下或胸肌注射
90 日龄	传染性喉气管炎疫苗（发病地区）	点眼或滴肛
110 日龄	新城疫－传染性支气管炎－减蛋综合征三联油苗	肌内注射
120 日龄	禽流感灭活疫苗（H_5 亚型）	肌内注射
130 日龄	禽流感灭活疫苗（H_9 亚型）	肌内注射

附录五

农业部发布的《一、二、三类动物疫病病种名录》

一类动物疫病（17 种）：口蹄疫、猪水泡病、猪瘟、非洲猪瘟、高致病性猪蓝耳病、非洲马瘟、牛瘟、牛传染性胸膜肺炎、牛海绵状脑病、痒病、蓝舌病、小反刍兽疫、绵羊痘和山羊痘、高致病性禽流感、新城疫、鲤春病毒血症、白斑综合征。

二类动物疫病（77 种）：多种动物共患病：狂犬病、布鲁氏菌病、炭疽、伪狂犬病、魏氏梭菌病、副结核病、弓形虫病、棘球蚴病、钩端螺旋体病；牛病：牛结核病、牛传染性鼻气管炎、牛恶性卡他热、牛白血病、牛出血性败血病、牛梨形虫病（牛焦虫病）、牛锥虫病、日本血吸虫病；绵羊和山羊病：山羊关节炎脑炎、梅迪-维斯纳病；猪病：猪繁殖与呼吸综合征（经典猪蓝耳病）、猪乙型脑炎、猪细小病毒病、猪丹毒、猪肺疫、猪链球菌病、猪传染性萎缩性鼻炎、猪支原体肺炎、旋毛虫病、猪囊尾蚴病、猪圆环病毒病、副猪嗜血杆菌病；马病：马传染性贫血、马流行性淋巴管炎、马鼻疽、马巴贝斯虫病、伊氏锥虫病；禽病：鸡传染性喉气管炎、鸡传染性支气管炎、传染性法氏囊病、马立克氏病、产蛋下降综合征、禽白血病、禽痘、鸭瘟、鸭病毒性肝炎、鸭浆膜炎、小鹅瘟、禽霍乱、鸡白痢、禽伤寒、鸡败血支原体感染、鸡球虫病、低致病性禽流感、禽网状内皮组织增殖症；兔病：兔病毒性出血病、兔黏液瘤病、野兔热、兔球虫病；蜜蜂病：美洲幼虫腐臭病、欧洲幼虫腐臭病；鱼类病：草鱼

247

出血病、传染性脾肾坏死病、锦鲤疱疹病毒病、刺激隐核虫病、淡水鱼细菌性败血症、病毒性神经坏死病、流行性造血器官坏死病、斑点叉尾鮰病毒病、传染性造血器官坏死病、病毒性出血性败血症、流行性溃疡综合征；甲壳类病：桃拉综合征、黄头病、罗氏沼虾白尾病、对虾杆状病毒病、传染性皮下和造血器官坏死病、传染性肌肉坏死病。

三类动物疫病（63种）：多种动物共患病：大肠杆菌病、李氏杆菌病、类鼻疽、放线菌病、肝片吸虫病、丝虫病、附红细胞体病、Q热；牛病：牛流行热、牛病毒性腹泻/黏膜病、牛生殖器弯曲杆菌病、毛滴虫病、牛皮蝇蛆病；绵羊和山羊病：肺腺瘤病、传染性脓疱、羊肠毒血症、干酪性淋巴结炎、绵羊疥癣、绵羊地方性流产；马病：马流行性感冒、马腺疫、马鼻腔肺炎、溃疡性淋巴管炎、马媾疫；猪病：猪传染性胃肠炎、猪流行性感冒、猪副伤寒、猪密螺旋体痢疾；禽病：鸡病毒性关节炎、禽传染性脑脊髓炎、传染性鼻炎、禽结核病；蚕、蜂病：蚕型多角体病、蚕白僵病、蜂螨病、蜂瓦螨病、亮热厉螨病、蜜蜂孢子虫病、白垩病；犬、猫等动物病：水貂阿留申病、水貂病毒性肠炎、犬瘟热、犬细小病毒病、犬传染性肝炎、猫泛白细胞减少症、利什曼病；鱼类病：鮰类肠败血症、迟缓爱德华氏菌病、小瓜虫病、黏孢子虫病、三代虫病、指环虫病、链球菌病；甲壳类病：河蟹颤抖病、斑节对虾杆状病毒病；贝类病：鲍脓疱病、鲍立克次体病、鲍病毒性死亡病、包纳米虫病、折光马尔太虫病、奥尔森派琴虫病；两栖与爬行类病：鳖腮腺炎病、蛙脑膜炎败血金黄杆菌病。

主要参考文献

［1］曾振灵.2012.兽药手册（第2版）［M］.北京：化学工业出版社.

［2］中国兽药典委员会.2011.中华人民共和国兽药典.北京：中国农业出版社.

［3］陈立功.2012.动物剖检及病理诊断技术［M］.北京：中国农业出版社.

［4］（美）塞夫（Y. M. Saif）.苏敬良，高福，索勋译.2012.禽病学（第12版）［M］.北京：中国农业出版社.

［5］刘聚祥.2010.畜禽疾病防疫技术［M］.河北科学技术出版社.

［6］胡维华.1998.鸡病快速诊断技术［M］.北京：中国农业出版社.

彩图 1　新城疫病鸡垂头缩颈、闭眼、状似昏睡，有的张口呼吸

彩图 2　新城疫病鸡神经症状

彩图 3　新城疫病鸡腺胃出血

彩图 4　新城疫病鸡小肠淋巴滤泡形成枣核样的出血、坏死

彩图 5　高致病性禽流感病鸡冠肿胀、发绀

彩图 6　高致病性禽流感病鸡脚鳞出血

彩图7　高致病性禽流感病鸡
腺胃乳头出血

图8　高致病禽流感病鸡胰腺坏死

彩图9　低致病性禽流感病鸡腺胃乳
头肿胀、出血，肌胃角质膜下出血

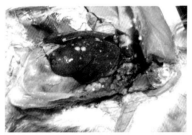

彩图10　马立克氏病鸡肝脏见大小
不一肿瘤结节

彩图11　传染性法氏囊病病鸡腿肌、
胸肌出血

彩图12　传染性法氏囊病病鸡法氏
囊出血呈紫葡萄样外观

彩图13　腺胃型传染性支气管炎病鸡腺胃肿大似乒乓球

彩图15　大肠杆菌病鸡输卵管内块状物切面呈轮层状

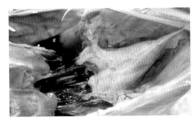

彩图16　大肠杆菌病鸡心包炎

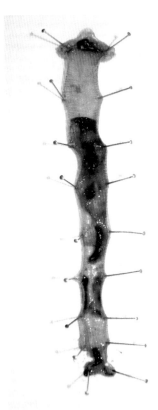

彩图14　传染性喉气管炎病鸡喉头和气管内见凝血块

彩图17　大肠杆菌病鸡肝周炎

彩图18　大肠杆菌病鸡气囊炎

**彩图 19　大肠杆菌病鸡直肠
见肉芽肿**

**彩图 20　鸡白痢病鸡肝脏表面见
大量灰白色坏死点**

彩图 21　鸡白痢病鸡心脏见肉芽肿

彩图 22　伤寒病鸡肝脏呈古铜色

**彩图 23　铜绿假单胞菌感染鸡
胸肌坏死**

**彩图 24　铜绿假单胞菌感染鸡
纤维素性化脓性炎**